"十二五"普通高等教育本科国家级规划教材配套参考书

国家精品在线开放课程主讲教材
国家精品课程主讲教材

U0150512

Visual Basic 程序设计
实验指导与测试

（第 5 版）

龚沛曾　主编

杨志强　谢守方　陆慰民　编

高等教育出版社·北京

内容提要

本书是与龚沛曾主编的《Visual Basic 程序设计教程（第 5 版）》配套的实验指导与测试教材。

本书分为 11 章，分别为 VB 入门和可视化编程基础、VB 语言基础和顺序结构、选择结构、循环结构、数组、过程、用户界面设计、数据文件、ADO 数据库编程基础、图形应用程序开发、递归及其应用。每章内容分为六部分，分别为知识要点、实验题解、习题解答、常见错误和难点分析、测试题和测试题参考答案。

本书实验安排恰当，例题、习题丰富，除基本练习题外，许多题目都是实际应用开发的基础。

本书可作为高等学校 Visual Basic 程序设计课程的实验教材，也可作为各类考试和社会读者的自学辅助用书。

图书在版编目（CIP）数据

Visual Basic 程序设计实验指导与测试/龚沛曾主编；杨志强，谢守方，陆慰民编 . --5 版 . --北京：高等教育出版社，2020.9

ISBN 978-7-04-054225-7

Ⅰ.①V…　Ⅱ.①龚…②杨…③谢…④陆…　Ⅲ.①BASIC 语言-程序设计-高等学校-教材　Ⅳ.①TP312.8

中国版本图书馆 CIP 数据核字（2020）第 102969 号

Visual Basic Chengxu Sheji Shiyan Zhidao yu Ceshi

策划编辑	耿　芳	责任编辑	耿　芳	封面设计　张志奇		版式设计　童　丹
插图绘制	于　博	责任校对	王　雨	责任印制　赵义民		

出版发行	高等教育出版社	网　　址	http://www.hep.edu.cn
社　　址	北京市西城区德外大街 4 号		http://www.hep.com.cn
邮政编码	100120	网上订购	http://www.hepmall.com.cn
印　　刷	北京盛通印刷股份有限公司		http://www.hepmall.com
开　　本	850 mm×1168 mm　1/16		http://www.hepmall.cn
印　　张	13.25	版　　次	2000 年 8 月第 1 版
字　　数	260 千字		2020 年 9 月第 5 版
购书热线	010-58581118	印　　次	2020 年 9 月第 1 次印刷
咨询电话	400-810-0598	定　　价	30.00 元

本书如有缺页、倒页、脱页等质量问题，请到所购图书销售部门联系调换

版权所有　侵权必究

物料号　54225-00

　　本书是与龚沛曾主编的"十二五"普通高等教育本科国家级规划教材、国家精品课程和国家精品在线开放课程主讲教材《Visual Basic 程序设计教程（第 5 版）》配套的教学辅助用书。

　　本书结合课程教学和实验的特点，在章节安排上与主教材的教学结构有所差别，但与主教材紧密配合。每章内容分为知识要点、实验题解、习题解答、常见错误和难点分析、测试题和测试题参考答案六部分，其中：

　　（1）知识要点，归纳总结了每章应掌握的知识点。

　　（2）实验题解，对主教材实验篇中的奇数实验题给出了详细分析和解答，偶数实验题则要求读者根据奇数实验题的解题思路独立完成。

　　（3）习题解答，主要针对主教材中各章习题做出了参考解答。

　　（4）常见错误和难点分析，作者将多年在教学中遇到的问题列举出来，便于初学者少走弯路。

　　（5）测试题，精选了丰富的试题，以选择题、填空题和编程题形式分类，便于读者复习和巩固。

　　（6）测试题参考答案，与测试题对应的答案。

　　需要说明的是，书中对实验给出的题解仅供参考，不要被书中的代码和思路所束缚，编程的方法很多，关键是读者要抓住重点，开拓思路，从而提高分析问题、解决问题的能力。

　　本书由龚沛曾、杨志强、谢守方、陆慰民编写，龚沛曾对全书进行统稿。

　　作者 Email：gongpz@163.com。

　　最后，再次感谢有关专家、教师长期以来对我们工作的支持和信任。希望广大读者对书中所存在的不妥之处提出宝贵意见。

主　　编

2020 年 2 月于同济大学

目 录 ▮▮▮▮➡

第 1 章
VB 入门和可视化编程基础

1.1　知识要点

1. Visual Basic 的含义

"Visual" 指的是开发图形用户界面（Graphic User Interface，GUI）的方法，可通过 Visual Studio 系统提供的系列控件来方便地实现。"Basic" 指的是一种简单易学的程序设计语言。两者的结合，既保持了原有程序设计语言的优点，又体现了现代编程语言的特点，对初学者来说，使用 Visual Basic 能够较快速地编写基于 Windows 界面的应用程序。Visual Basic 简称 VB。

2. VB 中类和对象的概念

类是指同类对象集合的抽象，规定了这些对象的公共属性和方法，是创建对象的模板；对象是类的一个实例。对象和类相当于程序设计语言中变量和变量类型的关系。

对象有三要素：属性、方法和事件。

（1）属性是用于描述对象的某些外部特征。利用属性窗口或在代码窗口中，可对对象的属性进行设置。

（2）方法是对对象实施的一些动作。它实际上是对象本身所内含的一些特殊的函数或过程，调用这些函数或过程来实现对应的动作。

（3）事件是由 VB 预先设置好的、能被对象识别的动作。一个对象可以识别和响应多个不同的事件。VB 程序的执行是通过事件驱动的，当在该对象上触发了某个事件后，就执行一个与事件相关的事件过程；当没有事件发生时，整个程序就处于等待状态。

3. 控件对象

在 VB 中，窗体、控件、菜单等都是 VB 中的控件对象，简称控件，它们是应用程序的 "积木块"，共同构成用户界面。本节主要介绍最基本的 6 个控件。

（1）窗体（Form）

窗体是一块 "画布"，是所有控件的容器。应用程序的建立都是从窗体开始画界面、设置属性、编写程序代码的。在设计时，窗体是程序员的 "工作台"，在运行时，每个窗体对应一个窗口。

（2）标签（Label）

标签用于在窗体显示某些文字，通过 Caption 属性来设置，但是不能作为输入信息的界面。

（3）文本框（TextBox）

文本框用于信息输入、编辑和显示的界面，通过 Text 属性来实现。实际上，文本框本身就是一个简便的文本编辑器。

（4）命令按钮（Command）

命令按钮用于启动事件过程的执行，通过 Click 事件实现。

（5）图片框（PictureBox）

图片框像窗体一样是个容器，用于显示图片，也可以通过 Print 方法显示文字。显示图片时通过 AutoSize 属性控制图片显示形式，当值为 True 时，框随着图片的大小而同步变化；当值为 False 时，框的大小不变，装入的图片超过框的大小时截取显示。

（6）图像框（Image）

图像框只能显示图片，通过 Stretch 属性控制图片显示形式，当值为 True 时，图片的大小随着框的大小同步变化，利用这一属性，可实现图片缩放的显示；当值为 False 时，框的大小不变，装入的图片超过框的大小时截取显示。

4. 创建 VB 应用程序的过程

（1）建立用户界面的控件对象；

（2）控件属性的设置；

（3）控件事件过程及编程；

（4）保存应用程序；

（5）程序调试和运行。

5. VB 集成开发环境

作为一个集编辑、编译、运行于一体的集成开发环境，初学者需掌握以下几点。

（1）工作状态的三种模式

① 设计模式：可以进行程序的界面设计、属性设置、代码编写等。按 ▶ 按钮进入运行模式。

② 运行模式：可以查看程序代码，但不能修改。当程序运行时出错或按 ‖ 按钮可暂停程序的运行，进入中断模式。

③ 中断模式：此时可查看代码、修改代码、检查数据。按 ■ 按钮停止程序的运行；按 ▶ 按钮继续程序运行，进入运行模式。

（2）编辑程序时主要的窗口

主窗口（菜单栏、工具栏）、工具箱窗口、属性窗口、代码窗口、工程资源管理器窗口。

（3）程序运行和生成可执行文件

在 VB 中，可通过"运行|启动"命令以解释运行模式运行程序，便于程序调试，但速度较慢；也可通过"文件|生成 exe 文件"命令将 VB 源程序生成可执行程序，然后在 Windows 环境下执行（但这时必须在 Windows 环境下有 VB 程序所需的动态链接库）。

6. VB 程序的错误类型

在 VB 中，常见错误可分为以下 3 种。

（1）语法错误

程序编辑时输入错误或编译时语法错，系统会检查出来，显示"编译错误"并提示用户纠正。

（2）运行时错误

程序没有语法错，但运行时出错，当单击"调试"按钮，程序停留在引起错误的那一条语句上，要求用户修改。

（3）逻辑错误

程序正常运行后得不到期望的结果。这类错误最难检测，可通过设置断点进行调试。

7. 程序调试

最方便和常用的是设置断点和跟踪程序的运行。程序运行到有断点的地方处于中断模式，然后逐语句跟踪相关变量、属性和表达式的值判断是否在预期的范围内。

8. VB 程序的构成与管理

（1）VB 程序的组成

在 VB 中，一个应用程序就是一个工程，以 vbp 工程文件保存，一个工程中必须包含一个（有时多个）frm 窗体文件、自动产生的 frx 二进制文件（如属性窗口装入的图片等），还可有 bas 标准模块等文件（如图 1.1）。

（2）程序的保存

在完成一个应用程序的创建、编辑、调试后，应保存在外部存储介质上。注意在保存一个工程时不要遗漏某个文件，一般先保存 frm 文件（若有多个 frm 或有 bas 文件，应分别保存），最后保存工程文件。请读者区分窗体名称和窗体文件名，前者是在程序中使用的窗体对象名；后者是存放在磁盘上的文件名。

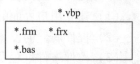

图 1.1　VB 程序的组成

（3）程序装入

当双击一个 vbp 工程文件时，系统会自动载入该工程的所有文件。

9. VB 帮助系统的安装和使用

与以前 VB 版本不同的是，VB 6.0 联机帮助文件都使用 MSDN 文档的帮助方式，与 VB 6.0 系统不在同一张光盘上，而与 Visual Studio 产品的帮助集合在两张光盘上，在安装过程中，系统会提示插入 MSDN 盘。

使用 VB 帮助最方便的方法是选中欲帮助的对象，按 F1 键，即可显示该对象的帮助信息。

10. VB 程序的书写规则

（1）程序代码不区分字母的大小写。为提高程序的可读性，对输入的字母，VB 系统自动将关键字或属性单词的首字母转换成大写，其余为小写。

（2）程序书写较自由。一行可书写多条语句，语句之间用冒号分隔；一条语句可分若干行书写，用续行符连接（空格加下画线 "_"）下一行。

（3）注释有利于程序的阅读和调试。注释以 Rem 或单引号开头。

1.2　实验 1 题解

1. 编制简单的欢迎界面程序，程序界面如图 1.2。

图 1.2　实验 1.1 界面

要求：在屏幕上显示"欢迎学习 VisualBasic"；在文本框 Text1 中输入姓名；单击命令按钮"你输入的姓名是"，在 Label3 标签显示在文本框中输入的姓名。程序以"学号-1-1. frm"和"学号-1-1. vbp"文件名保存。以后每个实验项目的命名规则都是如此，即"学号-实验号-实验题目"。

【实验目的】

① 掌握一个简单的 VB 程序的建立、编辑、调试、运行和保存方法。

② 掌握对标签、文本框和命令按钮属性的设置和事件过程代码的编写方法。

【步骤】

① 启动 Microsoft Visual Basic 6.0（中文版），选择"文件|新建工程"命令，在其对话框中选择"标准 EXE"类型，进入 VB 设计界面。

② 在窗体上建立 3 个标签、1 个命令按钮和 1 个文本框。在属性窗口对各属性进行设置，见表 1.1。

控 件 名	属 性
Label1	Caption="欢迎学习 VisualBasic"；Font 属性：字号为二号，字体为隶书 Aligment=2（居中）
Label2	Caption="请输入你的姓名"；Font 属性：字体为楷体，有下画线
Text1	Text=""
Command1	Caption="你输入的姓名是"
Label3	Caption=""；BorderStyle=1

◄表 1.1
实验 1.1 控件及属性设置

③ 在代码窗口选择 Command1 对象的 Click 事件，在 Command1_Click 事件模板内输入代码（高亮度一行为输入的代码，其余为自动产生），如图 1.3 所示。

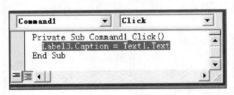

图 1.3 代码窗口

④ 单击▶按钮运行程序；若有错，进入代码窗口调试。

⑤ 选择"文件|Form1 另存为"命令，在文件另存为对话框的"保存在"下拉式列表框选择保存文件的路径，在"文件名"文本框输入"学号-1-1"的窗体文件名保存（默认扩展名为 frm）。同样方法选择"文件|工程另存为"命令将工程 1 以"学号-1-1"工程文件名保存（默认扩展名为 vbp）。

若下次要编辑该应用程序，只要双击"学号-1-1. vbp"就可装入该工程的所有文件进行所需的编辑。

2. 略。

3. 编写一个程序，在文本框中统计在该窗口上鼠标单击的次数，运行效果见 1.4。

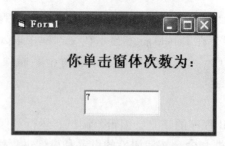

图 1.4　实验 1.3 运行效果

【实验目的】

本题主要熟悉对窗体的 Load 和 Click 事件编程。

【分析】

Form_Load 事件过程用于在程序中设置初态，Form_Click 事件过程对文本框计数。

【程序】

```
Sub Form1_Load( )                              ' 也可用窗体级变量 n 来实现
    Text1. Text = 0                            Dim n%
End Sub                                        Sub Form_Click( )
Sub Form_Click( )                                  n = n+1
    Text1. Text = Val(Text1. Text) + 1             Text1. Text = n
End Sub                                        End Sub
```

4. 略。

5. 命令按钮、字号、内容和格式的复制练习，运行效果如图 1.5。

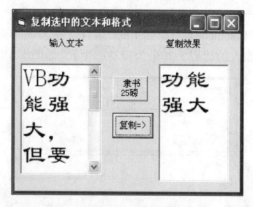

图 1.5　运行效果

【实验目的】

本题主要训练命令按钮及属性设置，以及文本框选中文本的 SelText 属性的使用方法。

【界面设计】

在窗体上建立 1 个标签、两个命令按钮和两个文本框。在属性窗口对各属性进行设置，见表 1.2。对文本框要显示多行则将 MultiLine 设置为 True，要有垂直滚动条可通过 ScrollBar 属性设置。

控 件 名	属 性
Form1	Caption="复制选中的文本和格式"
Label1	"输入文本 复制效果"
Text1	Text="VB 功能强大,但要下功夫学习才能学好" MultiLine=True;ScrollBar=2
Text2	Text=""
Command1	Caption="隶书 25 磅"
Command2	Caption="复制=>"

◀表 1.2
实验 1.5 控
件及属性设置

【程序】

```
Sub Command1_Click( )
    Text1. FontName = "隶书"
    Text1. FontSize = 25
End Sub


Sub Command2_Click( )
    Text2. Text = Text1. SelText
    Text2. FontName = Text1. FontName
    Text2. FontSize = Text1. FontSize
End Sub
```

6. 略。

1.3 习题解答

主教材第 2 章习题。

1. 什么是类？什么是对象？什么是事件过程？

解答：见本章知识要点。

2. 属性和方法之间的区别是什么？

解答：属性是对象的特征，方法是对象的行为。前者有值，可以被赋值或引用；后者没有值，表示能够执行的操作。

3. 当标签边框的大小由 Caption 属性的值进行扩展或缩小时，应对该控件的什么属性进行何种设置？

解答：将该控件的 AutoSize 属性值设置为 True。

4. 在 VB 6.0 中，命令按钮的显示形式可以有标准的和图形的两种选择，这通过什么属性来设置？若选择图形的，则通过什么属性来装入图形？若已在规定的属性里装入了某个图形文件，但该命令按钮还是不能显示该图形，而显示的是 Caption 属性设置的文字，怎样改正？

解答：命令按钮的显示形式通过将 Style 属性值设置为 Graphical 来实现。通过 Picture 属性来装入图形。不能显示图形是因为 Style 属性值被设置为 Standard，只要将其改为

Graphical，并且将 Caption 的值设置为空即可。

5. 文本框要显示多行文字，可对什么属性设置为何值？

解答：将 MultiLine 属性的值设置为 True。

6. 标签和文本框的区别是什么？

解答：在程序运行时，标签只能显示文字，不能输入文字，显示文字通过对 Caption 属性赋值来实现；文本框既能显示文字，也能输入文字，可通过 Text 属性来实现。

7. 文本框获得焦点的方法是什么？

解答：SetFocus 方法。

8. 简述文本框的 Change 与 KeyPress 事件的区别。

解答：相同点是当在文本框输入内容时，同时激发上述两个事件；不同点是 KeyPress 事件可通过参数 KeyAscii 返回所按键的编码值，可依此判断数据输入的正确性或数据输入结束与否，因而该事件使用较多；Change 事件还可以发生在程序改变文本框的 Text 属性时。

9. 当某文本框输入数据后（按了 Enter 键），进行判断认为是数据输入错误，怎样删除原来文本框的数据？

解答：假定文本框的名称为 Text1，则事件过程代码如下：

```
Private Sub Text1 KeyPress(KeyAscii  As  Integer)
    If  KeyAscii = 13 Then
        If 出错条件判断成立 Then
            Text1 = "  "
        End If
        …
    End If
End Sub
```

注意：删除刚输入的字符，通过 KeyAscii = 0 语句实现；焦点定位文本框对象采用 SetFocus 方法。

10. 程序运行前，对某些控件设置属性值，除了在窗体中直接设置外，还可以通过代码设置，这些代码一般放在什么事件中？例如，程序要将命令按钮定位在窗体的中央，试写出事件过程。

解答：这些代码一般放在 Form Load( )事件过程中。将窗体定位在屏幕的中央，只能在属性窗口中将 Form1 窗口的 StartUpPosition 属性值设置为 2（表示屏幕中心），该属性不能在运行时设置。要将按钮定位在窗体的中央，事件过程代码如下：

```
Private Sub Form Load( )
    Command1. Left = Form1. ScaleWidth \2 − Command1. Width \2
    Command1. Top = Form1. ScaleHeight \2 − Command1. Height \2
End Sub
```

其中，ScaleWidth、ScaleHeight 表示窗体的相对宽度和高度。

11. VB 6.0 提供的大量图形文件存放在哪个目录下？若计算机上没有安装，则怎样安装这些图形文件？

解答：存放在 Graphics 目录下。在 VB 6.0 的安装盘上可以找到 Graphics 子目录，将其复制到硬盘上的 VB 目录下。

12. 简述 PictureBox 控件的 AutoSize 属性与 Image 控件的 Stretch 属性的异同。为实现对装入图片的缩放，应使用哪个控件方便？

解答：两者相同都是可以装入图形文件。AutoSize 属性为 True 时，图片框随着图片的大小而变；Stretch 属性为 True 时，图片随着框的大小而变。因为没有办法对图片控制大小，而框的高度和宽度可以控制，因此，利用 Image 控件的 Stretch 属性可以实现对图片的缩放。

1.4 常见错误和难点分析

1. 安装 VB 6.0 系统问题

当正常安装好 Microsoft Visual Basic 6.0（中文版）后，误把 Windows 子目录删除。当重新安装 Windows 后，是否要重新安装 Visual Basic 6.0？

要重新安装 Visual Basic 6.0。因为安装 Visual Basic 6.0 时，有些程序系统自动安装在 Windows 目录下，所以一旦删除了 Windows 子目录，就必须重新安装 Visual Basic 6.0。

2. 在 VB 集成环境中没有显示"工具箱"、属性等常用窗口

只要选择"视图|工具箱"命令就可；同样选择"视图"菜单的有关命令可显示对应的窗口。

3. 字母和数字形状相似

代码输入时，L 的小写字母"l"和数字"1"形状几乎相同，O 的小写字母"o"与数字"0"也难以区别，这在输入代码时要十分注意，避免单独作为变量名使用。尤其初学者经常将建立的第一个标签名"Label1"最后两个字符：小写字母"l"和数字"1"混淆。

4. 对象名称（Name）写错

在窗体上创建的每个控件都有默认的名称，用于在程序中唯一标识该控件对象。系统为每个创建的对象提供了默认的对象名，例如，Text1、Command1、Label1 等。用户也可以将属性窗口的（名称）属性改为自己设定的可读性好的名称，如 txtInput、cmdOk 等。对初学者来说，由于程序较简单、控件对象使用较少，还是用默认的控件名较方便。

当程序中的对象名写错时，在运行程序时系统弹出运行错误的对话框，显示"要求对象"的信息提示，如图 1.6 所示，中断程序运行，系统指向错误的代码，如图 1.7 所示。

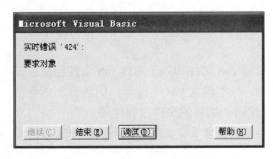

图 1.6 对象名写错的信息提示

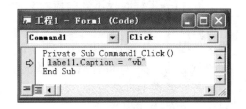

图 1.7 系统指向错误的代码

5. 对象的属性名、方法名写错

当程序中对象的属性名、方法名写错时，程序运行后系统会弹出运行错误的对话框，显示"未找到方法或数据成员。"的信息提示，如图 1.8 所示，中断程序运行；系统将错误的属性高亮度显示，如图 1.9 所示。

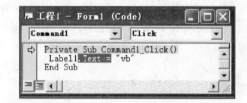

图 1.8 对象的属性名、方法名写错提示   图 1.9 错误的属性高亮度显示

在编辑程序代码时，尽量使用自动列出成员功能，即当用户在输入控件对象名和句点后，系统自动列出该控件对象在运行模式下可用的属性和方法，用户按空格键或双击鼠标即可，这样既可减少输入也可防止此类错误出现。

6. Name 属性和 Caption 属性混淆

Name 属性的值用于在程序中唯一标识该控件对象，例如，Text1、Text2、Command1、Label1，在窗体上不可见；Caption 属性的值是在窗体上显示的内容。

7. 无意形成控件数组

若要在窗体上创建多个命令按钮，有些读者会先创建一个命令按钮控件，然后利用对该控件进行复制、粘贴，这时系统显示：

已经有一个控件为"Command1"。创建一个控件数组吗？

的信息，应选择"否"，则产生 Caption 相同，但 Name 不同的控件；若单击"是"按钮，则创建了名称为 Command1 的控件数组。若要对该控件的 Click 事件过程编程，系统显示的框架是：

```
Private Sub Command1_Click (Index As Integer)
    ...
End Sub
```

Index 表示控件数组的下标。

若非控件数组，Click 事件过程的框架是：

```
Private Sub Command1_Click( )
    ...
End Sub
```

控件数组将在第 5 章介绍。

8. 打开工程时找不到对应的文件

通常，一个最简单的应用程序也应由一个工程 vbp 文件和一个窗体 frm 文件组成。工程文件记录该工程内的所有文件（窗体 frm 文件、标准模块 bas 文件等）的名称和所存放在磁盘上的路径。frm 存放的是系统生成的界面代码和编写的事件过程代码。

若读者在上机结束后，仅保留了 vbp 文件而没有保留 frm 文件，则下次打开工程时将显示"文件未找到"。

正确的保存文件方法是先保存窗体文件等，最后保存工程文件。

1.5 测试题

一、选择题

1. 在 VB 程序设计中，响应对象的外部动作称为_____，对象可以执行的动作或对象本身的行为则称为_____。

(A) 方法，事件　　　　　　　　　(B) 事件，方法

(C) 属性，方法　　　　　　　　　(D) 过程，事件

2. 在 VB 集成开发环境中，不能完成的功能是_____。

(A) 输入编辑源程序　　　　　　　(B) 编译生成可执行程序

(C) 调试运行程序　　　　　　　　(D) 自动查找并改正程序中的错误

3. VB 集成开发环境不包括_____窗口。

(A) DOS 界面窗口　　　　　　　　(B) 窗体窗口

(C) 代码窗口　　　　　　　　　　(D) 属性窗口

4. 当运行程序时，系统自动执行启动窗体的_____事件过程。

(A) Load　　　　　　　　　　　　(B) Click

(C) UnLoad　　　　　　　　　　　(D) GotFocus

5. 下面关于对象的描述中，_____是错误的。

(A) 对象就是自定义结构变量

(B) 对象代表正在创建的系统中的一个实体

(C) 对象是一个特征和操作的封装体

(D) 对象之间的信息传递是通过消息进行的

6. 如果在窗体上已经创建了一个文本框对象 Text1，可以通过事件_____获得输入值的 ASCII 码。

(A) Change　　　　　　　　　　　(B) LostFocus

(C) KeyPress　　　　　　　　　　(D) GotFocus

7. VB 是一种基于对象的可视化程序设计语言，采取了_____的编程机制。

(A) 事件驱动　　　　　　　　　　(B) 按过程顺序执行

(C) 从主程序开始执行　　　　　　(D) 按模块顺序执行

8. 在 VB 中最基本的对象是_____，它是一块画布，是其他控件的容器。

(A) 文本框　　　　　　　　　　　(B) 命令按钮

(C) 窗体　　　　　　　　　　　　(D) 标签

9. 有程序代码如下：

```
Text1. Text = "Text1. Text"
```

则 Text1、Text、"Text1. Text" 分别代表_____。

(A) 对象、值、属性　　　　　　　(B) 对象、方法、属性

(C) 对象、属性、值　　　　　　　(D) 属性、对象、值

10. 若要使标签控件显示时不覆盖其背景内容，要对属性进行_____设置。

(A) BackColor　　　　　　　　　(B) BorderStyle

（C）ForeColor   （D）BackStyle

11. 若要使命令按钮不可操作，要对_____属性进行设置。

（A）Enabled   （B）Visible

（C）BackColor   （D）Caption

12. 文本框没有_____属性。

（A）Enabled   （B）Visible

（C）BackColor   （D）Caption

13. 不论何种控件，共同具有的是_____属性。

（A）Text   （B）Name

（C）ForeColor   （D）Caption

14. 要使 Form1 窗体的标题栏显示"欢迎使用 VB"，_____语句是正确的。

（A）Form1. Caption＝"欢迎使用 VB"   （B）Form1. Caption＝'欢迎使用 VB'

（C）Form1. Caption＝欢迎使用 VB   （D）Form1. Caption＝" 欢迎使用 VB"

15. 要使窗体在运行时不可改变窗体的大小和没有最大化和最小化按钮，只要对_____属性设置就有效。

（A）MaxButton   （B）BorderStyle

（C）Width   （D）MinButton

16. 文本框的 ScrollBars 属性设置了非零值，却没有效果，原因是_____。

（A）文本框中没有内容   （B）文本框的 MultiLine 属性为 False

（C）文本框的 MultiLine 属性为 True   （D）文本框的 Locked 属性为 True

17. 要判断在文本框是否按下 Enter 键，应在文本框的_____事件中判断。

（A）Change   （B）KeyDown

（C）Click   （D）KeyPress

18. 保存新建的工程时，默认的路径是_____。

（A）My Documents   （B）VB98

（C）\   （D）Windows

19. 将调试通过的工程经"文件"菜单的"生成 exe 文件"命令编译成 exe 文件后，该可执行文件在其他机器上不能运行的主要原因是_____。

（A）运行的机器上无 VB 系统   （B）缺少 frm 窗体文件

（C）该可执行文件有病毒   （D）以上原因都不对

20. 在安装了 VB 帮助系统后，当需要上下文帮助时，选择要帮助的"难题"，然后按_____键，就可出现 MSDN 窗口及显示所需"难题"的帮助信息。

（A）Help   （B）F10

（C）Esc   （D）F1

二、填空题

1. VB 是建立在 BASIC 语言基础上的____(1)____编程环境。

2. VB 程序一般以解释方式运行，也可编译成扩展名为____(2)____的文件以编译方式运行。

3. 在属性窗口中，属性的显示方式分为____(3)____和"按分类顺序"两种。

4. 工程资源管理器窗口顶部有 3 个按钮，分别为____(4)____、"查看对象"和"切换文件夹"。

5. ____(5)____是描述和反映对象的外部特征的参数。

6. 在刚建立工程时，使窗体上的所有控件具有相同的字体格式，应对____(6)____的 Font 属性进行设置。

7. 当对命令按钮的 Picture 属性装入图形文件后，按钮上并没有显示所需的图形，原因是没有将____(7)____属性设置为 1(Graphical)。

8. 在文本框中，通过____(8)____属性能获得当前插入点所在的位置。

9. 要对文本框中已有的内容进行编辑，按下键盘上的按键就是不起作用，原因是设置了____(9)____属性值为 True。

10. 文本框获得焦点的方法是设置____(10)____属性。

1.6 测试题参考答案

一、选择题

1. B　对象三要素：属性描述了对象的性质，决定了对象的外观；方法是对象的动作，决定了对象的行为；事件是对象的响应，决定了对象之间的联系。

2. D　通过运行可自动查找程序中的错误，但不能自动修改，必须人工加以修改。

3. A　DOS 界面窗口必须通过运行 cmd.exe 文件才能进入。

4. A　很多对程序的初始化工作都放在 Form_Load( ) 事件中。

5. A　对象具有三要素，结构变量不具有三要素，仅是由若干不同类型的元素组成。

6. C　KeyPress 事件的参数 KeyAscii 带回所按键的编码值。

7. A　事件驱动的运行机制是 VB 的特点。

8. C　窗体是其他控件的容器，是用户操作的界面。

9. C　掌握这些概念很重要。

10. D　设置 BackStyle 属性的 Transparent 值。

11. A　将 Enabled 属性值设置为 False 时，命令按钮以灰色显示，表示操作无效。

12. D　文本框的内容存放在 Text 属性中，而 Command、Label 等控件显示的内容在 Caption 属性中。

13. B　每个控件必须有 Name 属性，表示控件的名称，如同变量名一样，以便在程序中对该控件实施各种操作。

14. D　这是关于字符串常量的正确书写问题。A 错误在于中文双引号；B 错误在于单引号；C 错误在于无引号。

15. B　只要将 BorderStyle 属性值设置为 1，其他属性 MaxButton、MinButton 的值自动为 False。

16. B　MultiLine 属性为 False 时，对 ScrollBars 设置的值均无效，输入的内容只能在一行上显示。

17. D　通过 KeyPress 事件带回的 KeyAscii 参数判断是否等于 13（Enter 键）。

18. B

19. A　对于其他基于 DOS 环境的高级程序设计语言，如 C 语言只要把源程序编译成 exe 或 com 文件后，在其他计算机上均可运行。而 VB 的应用使用了大量的可视化控件，涉及很多其他文件，如 dll、ocx 等。因此，要么其他机器装有 VB 系统；要么将工程打包，制作成安装盘。

20. D　对初学者来说，若要寻求帮助，选择要帮助的"难题"后，按 F1 键是最快的途径。

二、填空题

（1）可视化　VB 就是 Visual 可视化界面设计和 BASIC 程序设计相结合的。

（2）exe

（3）"按字母顺序"

（4）"查看代码"

（5）属性

（6）窗体　首先对 Form 窗体的 Font 属性进行设置，以后在该窗体上建立的控件字体格式都自动设置成 Form 窗体的 Font 属性，除非用户对某个控件再重新设置。

（7）Style

（8）SelStart

（9）Locked

（10）SetFocus

第 2 章
VB 语言基础和顺序结构

2.1   知识要点

1. VB 提供的数据类型

数据类型分为基本数据类型和构造数据类型。

（1）基本数据类型

VB 提供的基本数据类型见主教材表 1.3.1，每种数据类型由关键字或类型符表示，不同的数据类型占用不同的存储空间，用户可根据实际问题的需要使用合适的类型。

经常使用的数据类型有逻辑型、整型、单精度型、字符型。当整型、单精度型数据范围不够时，可使用长整型和双精度型。VB 中字符型数据以 Unicode 码存放，一个西文字符和一个汉字均占两个字节；变体型数据类型可存放任何类型的数据，由所赋值的类型决定。虽然 VB 中提供了灵活的变体型数据类型，但增加了程序的不稳定性。

（2）构造数据类型

构造数据类型是以基本数据类型为基础，根据特定的方法构造而成的比较复杂的数据类型。VB 中的构造数据类型有枚举、用户自定义类型（相当于记录类型）、数组和文件。

2. 变量

（1）变量命名规则

变量是以字母、汉字或下画线开头的，后跟字母、汉字、数字或下画线，长度小于或等于 255 个字符；不能使用 VB 中的关键字；不区分变量名的大小写。

（2）变量的声明

① 显式声明：Dim、Static、Public、Private 等声明语句显式声明变量及类型，本章仅涉及 Dim 语句声明变量，其余在第 6 章介绍。

② 隐式声明：不声明直接使用，该类变量类型为 Variant 变体类型的变量。一般不建议使用隐式声明。

③ 强制类型声明：在程序中用到的变量类型必须声明，这对初学者调试程序会有帮助。强制类型声明语句在过程外通用声明段中，语句形式如下：

Option Explicit

（3）变量的初值

系统默认数值型变量为零、字符型变量为空（""），对象变量为 Nothing。

3. 常量

（1）直接常量

① 字符串常量：用双引号括起，例如 "asdfg" 和 "12345"。

② 逻辑常量：只有 True 和 False 两个值。

③ 整型常量：有 3 种形式，例 1234（十进制）、&H12A（十六进制，以 &H 开头）、&O123（八进制，以 &O 或 & 开头）。

④ 长整型常量：同整型常量，仅在最后加 &。

⑤ 单精度常量：有 3 种形式，例如 12.34、12.34!、123.45E-5。

⑥ 双精度常量：有两种形式，例如 12.34#、123.45D-5。

⑦ 日期常量：用一对#括起，例如#10/8/201#，#8:45:00#。

（2）用户自定义常量

形式：Const　常量名＝表达式

例如，Const PI＝3.14159，通常为区分明显，用户定义的常量名可用大写表示；常量名在程序中只能引用，不能改变。

（3）VB系统提供的常量

系统定义的常量位于对象库中，在"对象浏览器"中的 Visual Basic（VB）、Visual Basic Application（VBA）等对象库中列举了 Visual Basic 的常量。最常用的是 vbCrLf（回车换行）。

4. 运算符及优先级（如图2.1所示）

运算符及优先级
- 算术运算符　^、*、\、/、Mod、+、−　　高到低
- 字符运算符　+、&　　同级
- 关系运算符　=、>、>=、<、<=、<>、Is、Like　同级
- 逻辑运算符　Not、And、Or　　高到低

（高到低）

图 2.1　运算符及优先级

注意："，"分隔的是不同优先级运算符，"、"分隔的是相同优先级运算符。

5. 常用函数

VB中提供了丰富的函数，主教材中按算术、字符串、日期和时间、转换、格式等分类列出了一些常用的函数，对函数完整的形式和使用举例可参阅 VB 帮助。

6. 赋值语句

形式：变量名＝表达式

一条赋值语句只能对一个变量赋值；不能把字符串的值赋值给数值型变量；同为数值型，转换为左边变量名的类型后赋值。

7. 数据的输入和输出

（1）InputBox 函数

形式：变量[$]＝InputBox(提示[,标题][,默认][,x坐标位置][,y坐标位置])

"提示"为对话框显示的信息，必选项，其余可省，若要分多行显示，必须加回车换行符；若要输入多个值，必须多次调用该函数；函数返回值为字符类型。

（2）MsgBox 函数或过程

函数形式：变量[%] = MsgBox(提示[,按钮][,标题])

过程形式：MsgBox 提示[,按钮][,标题]

作为函数调用，函数返回用户所按对话框中的那个按钮值；作为过程调用，无返回值，一般用于简单信息显示。

（3）Print 方法

形式：[对象.]Print[定位函数][输出表达式列表][分隔符]

在窗体或图形框对象显示表达式内容。通过 Tab( )、Spc( )函数来确定表达式值输出的位置；通过每个输出项之间的分隔符"，"或"；"来确定输出后的定位；Print 语句后没有分隔符，表示输出后换行。

2.2　实验2题解

1. 随机生成3个正整数，其中1个一位数、1个两位数、1个三位数，计算它们的平均值，保留两位小数。运行界面如图2.2所示。

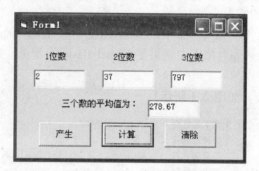

图2.2　实验2.1运行界面

【实验目的】
掌握随机数的产生、格式的输出。
【分析】
（1）产生不同位数的随机数关键掌握随机数产生通式：
　　Int(Rnd * 范围+基数)
（2）Format格式显示的形式：
　　Format(输出表达式, "格式符")
【程序】
程序代码如图2.3所示。

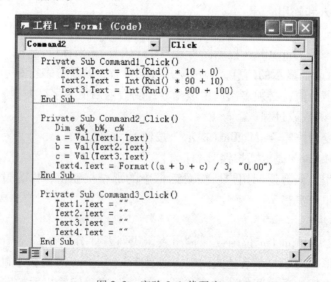

```
Private Sub Command1_Click()
    Text1.Text = Int(Rnd() * 10 + 0)
    Text2.Text = Int(Rnd() * 90 + 10)
    Text3.Text = Int(Rnd() * 900 + 100)
End Sub

Private Sub Command2_Click()
    Dim a%, b%, c%
    a = Val(Text1.Text)
    b = Val(Text2.Text)
    c = Val(Text3.Text)
    Text4.Text = Format((a + b + c) / 3, "0.00")
End Sub

Private Sub Command3_Click()
    Text1.Text = ""
    Text2.Text = ""
    Text3.Text = ""
    Text4.Text = ""
End Sub
```

图2.3　实验2.1代码窗口

2. 略。

3. 输入一个合法的三位正整数，然后逆序输出并显示。例如，输入 734，输出是 437，如图 2.4 所示；当输入数据不合法，显示如图 2.5 所示。

图 2.4　实验 2.3 运行界面　　　图 2.5　非法数据输入 MsgBox 显示出错信息

【实验目的】

掌握对文本框的 KeyPress 和 LostFocus 事件等的使用方法。

掌握对 IsNumeric 函数、MsgBox 函数的使用方法。

掌握 SetFocus 方法的使用方法。

掌握将 1 个多位数分离和将各个位数连接成 1 个多位数的方法。

【分析】

按 Tab 键，检查数据的合法性，这时利用 Text1_LostFocus 事件。

按 Enter 键，利用 Text1_KeyPress 事件中返回参数 KeyAscii 值为 13 表示输入结束。

利用 Mod 和 \ 运算符将一个三位数分离出 3 个一位数，然后利用乘法和加法运算将 3 个各位数连接成一个逆序的三位数。

【程序】

程序代码如图 2.6 所示。

```
Private Sub Text1_KeyPress(KeyAscii As Integer)
    If KeyAscii = 13 Then
        If Not IsNumeric(Text1.Text) Then
            MsgBox "输入非数值数据,请重新输入", , "数据检验"
            Text1.Text = ""
            Text1.SetFocus
        End If
    End If
End Sub

Private Sub Text1_LostFocus()
    If Not IsNumeric(Text1.Text) Then
        MsgBox "输入非数值数据,请重新输入", , "数据检验"
        Text1.Text = ""
        Text1.SetFocus
    End If
End Sub
Private Sub Command1_Click()
    Dim a%, b%, c%, t%
    t = Text1.Text
    a = t Mod 10
    c = t \ 100
    b = (t Mod 100) \ 10
    Label2.Caption = a * 100 + b * 10 + c
End Sub
```

图 2.6　实验 2.3 代码窗口

思考：若不是三位数，而是事先不知道的任意位数？请利用循环语句来实现。

4．略。

5．仿效实验 2.4，验证转换函数的使用，Text1 文本框输入字符串，Text2 文本框显示调用所选函数的结果，4 个命令按钮为转换函数，Label2 显示对应的函数名，运行效果如图 2.7 所示。

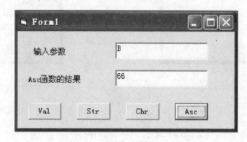

图 2.7　实验 2.5 运行界面

【实验目的】

掌握对转换函数的调用方法。

掌握利用命令按钮的 Caption 属性和字符串连接。

【分析】

本题编程没有难度，主要是掌握函数的调用方法，注意参数的类型和返回值的类型。

【程序】

仅列出 Asc 命令按钮的事件过程代码：

```
Private Sub Command4_Click( )
    Label2. Caption = Command4. Caption & Label2. Caption
    Text2 = Asc( Text1)
End Sub
```

其余事件过程模仿该事件过程，略。

6．略。

7．Print 方法练习，显示字符图形。

参考主教材教学篇例 4.4 输出简单图形，如图 2.8 所示。要求窗体不可改变大小，当单击"清屏"按钮后，清除窗体所显示的图形。

图 2.8　实验 2.7 运行界面

【实验目的】

掌握对窗体的 BorderStyle 属性的使用方法。

掌握 Print 方法的使用方法。

提前使用 For 循环结构，输出有规律的字符图案。

【分析】

关键是找规律，利用循环结构中的循环控制变量和 Print 方法中的输出表达式 String 函数有机地结合，这样既可显示图案，又练习了 For 循环结构，对调动学习积极性和自主学习能力是有益的。

【程序】

程序代码如图 2.9 所示。

```
Command2                          ▼   Click                              ▼
Private Sub Command1_Click()
  Print
  For i = 1 To 5
    Print Tab(15 - i * 2); String(2 * i - 1, "★"); Spc(18 - 4 * (i - 1)); String(2 * i - 1, "★")
  Next i
End Sub

Private Sub Command2_Click()
  Cls
```

图 2.9   实验 2.7 代码窗口

进一步要求：利用循环和 String 函数。读者也可以发挥自己的想象力，设计更美观的图形。若要显示如图 2.10 所示的图形，程序要进行如何修改？

图 2.10   进一步要求运行界面

8. 略。

2.3 习题解答

主教材第 3 章习题。

1. 说明下列哪些是 VB 合法的常量，并指出它们是什么类型。

(1) 100.0   (2) %100   (3) 1E1

(4) 123D3   (5) 123, 456   (6) 0100

(7) "ASDF"   (8) "1234"   (9) # 2000/10/7#

(10) 100#   (11) π   (12) &O100

(13) &O78   (14) &H123   (15) True

(16) T   (17) &H12ag   (18) −1123!

解答：以下括号内的一个字表示数据类型，没有写出类型的表示非法。

(1) 100.0(单)　　　　　(2) %100　　　　　　(3) 1E1(单)

(4) 123D3(双)　　　　　(5) 123,456　　　　　(6) 0100(整)

(7) "ASDF"(字)　　　　(8) "1234"　　　　　　(9) #2000/10/7#(日)

(10) 100#(双)　　　　　(11) π　　　　　　　　(12) &O100(八)

(13) &O78　　　　　　　(14) &H123(十六)　　(15) True(逻辑)

(16) T　　　　　　　　　(17) &H12ag　　　　　(18) -1123!(单)

2. 下列符号中，哪些是 VB 合法的变量名。

(1) a123　　　　　　　　(2) a12_3　　　　　　(3) 123_a

(4) a 123　　　　　　　　(5) Integer　　　　　(6) XYZ

(7) False　　　　　　　　(8) sin(x)　　　　　　(9) sinx

(10) 变量名　　　　　　(11) abcdefg　　　　　(12) π

解答：合法变量名为 (1)，(2)，(6)，(9)，(10)，(11)；其余为非法（注意：在中文 VB 系统中，π 为有效变量名，但一般不要用，它不代表 3.14）。

3. 把下列算术表达式写成 VB 表达式。

解答：(1) $|x+y|+z^5$　　表达式为：Abs(x+y)+z^5

(2) $(1+xy)^6$　　　表达式为：(1+x*y)^6

(3) $\dfrac{10x+\sqrt{3y}}{xy}$　　表达式为：(10*x+Sqr(3*y))/x/y

(4) $\dfrac{-b+\sqrt{b^2-4ac}}{2a}$　　表达式为：(-b+Sqr(b*b-4*a*c))/(2*a)

(5) $\dfrac{1}{\dfrac{1}{r_1}+\dfrac{1}{r_2}+\dfrac{1}{r_3}}$　　表达式为：1/(1/r1+1/r2+1/r3)

(6) $\sin 45°+\dfrac{e^{10}+\ln 10}{\sqrt{x+y+1}}$　　表达式为：Sin(45*3.14/180)+(Exp(10)+Log(10))/Sqr(x+y+1)

4. 根据条件写出相应的 VB 表达式。

(1) 产生一个 "C" ~ "L" 的大写字符。

解答：Chr(int(Rnd*10+67))

(2) 产生一个 100~200（包括 100 和 200）的正整数。

解答：Int(Rnd*101+100)

(3) 已知直角坐标系中任意一个点坐标 (x,y)，表示在第 1 或第 3 象限内。

解答：$x*y>0$

(4) 表示 x 是 5 或 7 的倍数。

解答：x Mod 5 = 0 Or x Mod 7 = 0

(5) 将任意一个两位数 x 的个位数与十位数对换。例如，$x=78$，则结果应为 87。

解答：(x Mod 10)*10+ x \10

(6) 将变量 x 的值按四舍五入保留小数点后两位。例如，x 的值为 123.238 9，结果为 123.24。

解答：Round(x*100)/100

（7）表示字符变量 C 是字母字符（大小写不区分）。

解答：Ucase(C)>="A" And Ucase(C) <="Z"

或　Lcase(C)>="a" And Lcase(C) <="z"

（8）取字符变量 S 中第 5 个字符起的 6 个字符。

解答：MID(S, 5, 6)

（9）表示 $10 \leqslant x < 20$ 的关系表达式。

解答：x>=10 And　x<20

（10）x，y 中有一个小于 z。

解答：x<z And y>z Or x>z And y<z

（11）x，y 都大于 z。

解答：x>z And y>z

5. 写出下列表达式的值。

（1）123+23 Mod 10 \ 7+Asc("A")　　　值为：188

（2）100 + "100" & 100　　　　　　　值为："200100"

（3）Int(68.555 ∗ 100+0.5)/100　　　值为：68.56

（4）已知 A\$ ="87654321"，求表达式 Val(Left(A\$,4)+Mid(A\$,4,2))的值

　　　　　　　　　　　　　　　　　值为：876554

（5）DateAdd("m", 1, #1/30/2000#)　值为：#2/29/2000#

（6）Len("VB 程序设计")　　　　　　值为：6

6. 利用 Shell 函数，在 VB 程序中分别执行画图和 Word 应用程序。

解答：调用 Shell 函数，形式为

Shell("Mspaint. exe",1)　　　' 画图程序是 Windows 系统自带的,可省略路径

Shell("C:\Program Files\Microsoft Office\Office\Winword. exe",1)

7. Visual Basic 提供了哪些标准数据类型？声明类型时，其类型关键字分别是什么？其类型符又是什么？

解答：见教材表 1.3.1。

8. 哪种数据类型需要的内存容量最少，且可存储例如 3.234 5 这样的值？

解答：单精度类型。

9. 将数字字符串转换成数值，用什么函数？判断是否是数字字符串，用什么函数？取字符串中的某几个字符，用什么函数？大小写字母间的转换用什么函数？

数字字符串转换成数值，用 Str( )函数；IsNumeric( )函数判断是否是数字字符串；

Mid( )函数取字符串中的某几个字符；Ucase( )函数将小写字母转换成大写字母；

Lcase( )函数将大写字母转换成小写字母。

2.4　常见错误和难点分析

1. 变量名输入错误

在默认状态下，VB 可以对变量名不加声明就可使用。当表示同一变量而在代码输入时写错变量名，VB 编译时就认为是两个不同的变量，运行结果就不正确。

例如，下面程序段求 1~100 整数的和，结果放在 Sum 变量中：

```
Dim Sum As Integer,i As Integer
    Sum = 0
    For i = 1 To 100
        Sum = Sun+i
    Next i
    Print Sum
```

程序运行显示的结果为 100。原因是累加和表达式 Sum = Sun+i 中右边的变量名 Sum 误写成 Sun。系统就对两个不同的变量各自分配了存储空间，造成运行结果不正确。

为了防止此类错误的发生，必须限制变量声明为显式声明方式，也就是在通用声明段加 Option Explicit 语句。这时运行程序就会显示如图 2.11 所示的 "变量未定义" 的对话框，提醒用户改正错误。

图 2.11   "变量未定义" 对话框

2. 下列语句常见错误或避免使用

（1）Dim Sin As Integer

避免使用：Sin 是函数名，不要作为变量名，虽然语法上没有错误，但容易与 Sin 函数混淆。

（2）Dim St As String，n As Integer

n = 100

St = "n 的值为:" + n

错误原因：字符串连接符两旁应为字符类型，而变量 n 是整型。应该用 "&" 连接符或 Str(n) 函数将 n 转换成字符类型。

（3）s = πr^2

本语句目的为求半径 r 的面积。

错误原因：π 与 r 之间漏了乘号，而且 π 应该用 3.141 59 常量来表示或用符号常量声明。

3. 逻辑表达式书写错，在 VB 中没有造成语法错而形成逻辑错

例如，数学上表示变量 x 在一定数值范围内，如 $3 \leqslant x < 10$，有的读者写的 VB 表达式为

3 < = x < 10

此时在 VB 中不产生语法错，程序能运行，但不论 x 的值为多少，表达式的值永远为

True，这就造成程序能正常运行的假象，其结果是不正确的。

因为在 VB 中，当两个不同类型的变量或常量参加运算时，有自动向精度高的类型转换的功能。例如，逻辑常量 True 转换为数值型的值为-1，False 为 0；反之，数值型非 0 转换为逻辑型的值为 True，0 为 False。同样，数字字符与数值运算转换为数值型。

例如，语句

```
True +3        ' 结果是 2
"123"+100      ' 结果是 223
```

根据此原因，表达式：

$$\underline{\underset{①}{\underline{3<=x}} \quad <10}$$
$$②$$

值的计算过程如下：

① 根据 x 的值计算 3<= x，结果为 True 或 False；

② 然后该值（-1 或 0）与 10 比较永远为 True。

正确的 VB 表达式书写为：

```
3 < = x And x < 10
```

4. 同时给多个变量赋值，在 VB 中没有造成语法错而形成逻辑错

例如，要同时给 x、y、z 三个整型变量赋初值 1，有的读者写成如下赋值语句：

x = y = z = 1

在 C 语言中，上述语句是可以实现同时对多个变量赋值的。而在 VB 中，规定一条赋值语句内只能给一个变量赋值，但上述语句并没有产生语法错，运行后 x、y、z 中的结果均为 0。

原因是 VB 将上述 3 个"="表示不同的含义，最左的一个表示赋值号，其余表示为关系运算符等号。因此，将 y = z = 1 作为一个关系表达式，再将表达式的结果赋值给 x。在 VB 中默认数值型变量的初值为 0，根据上面错误 3 的分析类推，表达式 y = z = 1 的结果为 0，所以 x 赋得的值为 0，y、z 变量的值为默认值 0。

5. 标准函数名写错

VB 提供了很多标准函数，如 IsNumeric( )、Now( )等。当函数名写错时，如将 IsNumeric 写成 IsNummeric，系统将其当成变量名使用，显示"IsNummeric 未声明"。

如何判断函数名、控件名、属性、方法等是否写错，最方便的方法是当该语句写完后，按 Enter 键，系统把被识别的上述名称自动转换成规定的词首字母大写形式；否则为错误的名称。

6. 声明局部变量和窗体级变量的问题

在 VB 程序中，除了控件对象外，还要使用一些变量，暂时存放一些中间结果。这些变量一般在过程内声明，称为局部变量。

但当多个过程需要用到同一个变量时，或者多次运行同一事件过程而要保持该事件过程中某变量的值时，就要用到窗体级变量，该变量必须放在代码的最前面，即"通用声明"段声明。例如实验 1.3（可以用窗体级变量来代替 Text 的计数）已经涉及窗体级变量的问题。有关概念在主教材的第 6 章介绍。

7. 在 Form_Load 事件中，Print 方法、SetFocus 方法不起作用

因为系统在窗体装入内存时，无法同步用 Print、SetFocus 方法显示或定位控件的焦点。

（1）解决 Print 方法显示的问题

在属性窗口将窗体 AutoReDraw 属性设置为 True（默认 False）。

（2）解决 SetFocus 焦点定位的问题

在属性窗口对要定位焦点的控件将其 TabIndex 值设置为 0。

8. Print 方法中的定位问题

定位通过 Tab、Spc 函数和最后的逗号、分号和无符号来控制。在 VB 中，通过 Print 方法中各参数的综合使用达到所需的结果，但初学者往往难以掌握。

（1）Tab(n) 与 Spc(n) 的区别

Tab(n) 从最左第 1 列开始算起定位于第 n 列，若当前打印位置已超过 n 列，则定位于下一行的第 n 列，这是常常定位不好出现的问题。在格式定位中，Tab 用得最多。

Spc(n) 从前一打印位置起空 n 个空格。

例如，下面程序段显示了 Tab 与 Spc 的区别，效果如图 2.12 所示。

```
Private Sub Command1_Click( )
    Print "1234567890"
    Print Tab(1); " * * "; Tab(2); "%%% " ; Spc(2) ; " $$$$ "
End Sub
```

（2）紧凑格式“;”（分号）的使用

紧凑格式“;”，即输出项之间无间隔。但对于数值型，输出项之间系统自动空一列，而由于数值系统自动加符号位，因此，大于零的数值实际空两列。字符之间无空格。

例如，下面程序段效果如图 2.13 所示。

```
Private Sub Command1_Click( )
    Print 1;-2; 3
    Print "1234";"5678"
    Print "A"; "B"; "C"; "D"; "E"; "F"; "G"; "H"
End Sub
```

图 2.12　运行效果 1

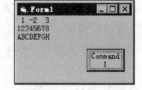

图 2.13　运行效果 2

从该例读者应区分数值和字符在紧凑格式输出的差异。

9. 程序运行时在多个文本框间焦点移动的问题

方法 1：按 Tab 键。这时可不必编程，直接利用系统提供的功能方便地在各控件之间移动。若要确定离开或进入了哪个控件，则利用控件_LostFocus 或控件_GotFocus 事件进行判断。

方法 2：按 Enter 键。这时必须通过 KeyPress 事件编程来实现，有关程序段如下：

```
Private Sub 某文本框_KeyPress(KeyAscii As Integer)
    If KeyAscii = 13 Then
        …
        另一控件.SetFocus
    End If
    …
End Sub
```

2.5　测试题

一、选择题

1. 要存放某人的年龄，下面_____数据类型占用的字节数最小。

（A）Single　　　　　　（B）Byte　　　　　　（C）Integer　　　　　　（D）Long

2. 一条语句要在下一行继续写，用_____符号作为续行符。

（A）+　　　　　　　　（B）-　　　　　　　　（C）_　　　　　　　　（D）…

3. 下面_____是合法的变量名。

（A）X_yz　　　　　　（B）123abc　　　　　　（C）integer　　　　　　（D）X-Y

4. 下面_____是不合法的整常数。

（A）100　　　　　　　（B）&O100　　　　　　（C）&H100　　　　　　（D）%100

5. 下面_____是合法的字符常数。

（A）ABC$　　　　　　（B）"ABC"　　　　　　（C）'ABC'　　　　　　（D）ABC

6. 下面_____是合法的单精度型变量。

（A）num!　　　　　　（B）sum%　　　　　　（C）xinte$　　　　　　（D）mm#

7. 下面_____是不合法的单精度常数。

（A）100!　　　　　　（B）100.0　　　　　　（C）1E+2　　　　　　（D）100.0D+2

8. 表达式 16/4-2^5*8/4 Mod 5\2 的值为_____。

（A）14　　　　　　　（B）4　　　　　　　　（C）20　　　　　　　　（D）2

9. 对数学表达式 $3 \leqslant x < 10$，表示成正确的 VB 表达式为_____。

（A）3<=x<10　　　　　　　　　　　（B）3<=x AND x<10

（C）x>=3 OR x<10　　　　　　　　　（D）3<=x AND <10

10. 在 \、/、Mod、* 4 个算术运算符中，优先级别最低的是_____。

（A）\　　　　　　　　（B）/　　　　　　　　（C）Mod　　　　　　　（D）*

11. 与数学表达式 $\dfrac{ab}{3cd}$ 对应，不正确的 VB 表达式是_____。

（A）a*b/(3*c*d)　　　　　　　　　（B）a/3*b/c/d

（C）a*b/3/c/d　　　　　　　　　　（D）a*b/3*c*d

12. Rnd 函数值不可能为_____。

（A）0　　　　　　　　（B）1　　　　　　　　（C）0.1234　　　　　　（D）0.0005

13. Int(198.555*100+0.5)/100 的值为_____。

(A) 198   (B) 199.6   (C) 198.56   (D) 200

14. 已知 A\$ = " 12345678 "，则表达式 Val (Left\$ (A\$,4) + Mid\$ (A\$,4,2)) 的值为 _____。

(A) 123456   (B) 123445   (C) 8   (D) 6

15. MsgBox 函数返回值的类型是_____。

(A) 整型数值   (B) 字符串   (C) 变体   (D) 数值或字符串

16. InputBox 函数返回值的类型是_____。

(A) 整型数值   (B) 字符串   (C) 变体   (D) 数值或字符串

17. 表达式 Len(" 123 程序设计 ABC ") 的值是_____。

(A) 10   (B) 14   (C) 20   (D) 17

18. 以下关系表达式中，其值为 False 的是_____。

(A) "ABC">"AbC"   (B) "女">"男"

(C) "BASIC" = UCase("basic")   (D) "123"<"23"

19. 下面正确的赋值语句是_____。

(A) x+y = 30   (B) y=π*r*r   (C) y=x+30   (D) 3y=x

20. 为了给 x、y、z 三个变量赋初值1，下面正确的赋值语句是_____。

(A) x=1:y=1:z=1   (B) x=1，y=1，z=1

(C) x=y=z=1   (D) xyz=1

21. 赋值语句 "a = 123+Mid("123456",3,2)" 执行后，a 变量中的值是_____。

(A) "12334"   (B) 123   (C) 12334   (D) 157

22. 赋值语句 "a = 123 & Mid("123456",3,2)" 执行后，a 变量中的值是_____。

(A) "12334"   (B) 123   (C) 12334   (D) 157

23. 语句 Print "Sqr(9)= "; Sqr(9) 的输出结果是_____。

(A) Sqr(9)= Sqr(9)   (B) Sqr(9)= 3

(C) "3" = 3   (D) 3 = Sqr(9)

24. 若要处理一个值为 50 000 的整数，应采用的 VB 基本数据类型是_____。

(A) Integer   (B) Long   (C) Single   (D) String

二、填空题

1. 在 VB 中，1234、123456&、1.2346E+5、1.2346D+5 这 4 个常数分别表示___(1)___、___(2)___、___(3)___、___(4)___ 类型。

2. 整型变量 x 中存放了一个两位数，要将两位数交换位置，例如，13 变成31，实现的表达式是___(5)___。

3. 数学表达式 $\sin15°+\dfrac{\sqrt{x+e^3}}{|x-y|}-\ln(3x)$ 的 VB 表达式为___(6)___。

4. 数学表达式 $\dfrac{a+b}{\frac{1}{c+5}-\frac{1}{2}cd}$ 的 VB 表达式为___(7)___。

5. 表示 x 是 5 的倍数或是 9 的倍数的逻辑表达式为___(8)___。

6. 已知 a=3.5，b=5.0，c=2.5，d=True，则表达式 a >=0 And a+c > b+3 Or Not d 的

值是____(9)____。

7．Int(-3.5)、Int(3.5)、Fix(-3.5)、Fix(3.5)、Round(-3.5)、Round(3.5)的值分别是____(10)____、____(11)____、____(12)____、____(13)____、____(14)____、____(15)____。

8．表达式 Ucase(Mid("abcdefgh",3,4))的值是____(16)____。

9．在直角坐标系中，x、y 是坐标系中任意点的位置，用 x 与 y 表示在第一或第三象限的表达式是____(17)____。

10．计算现在起离 2022 年北京冬奥会（以 2022 年 2 月 4 日开幕）举行还有多少天的函数表达式是____(18)____。

11．计算现在起离自己毕业（假定 2022 年 6 月 30 日）还有多少个星期的函数表达式是____(19)____。

12．表示 s 字符变量是字母字符（大小写字母不区分）的逻辑表达式为____(20)____。

13．下面程序段的输出结果为____(21)____。

```
x = 35: y = 20
Print "(" & x & "\" & y & ") *" & y & "=" & (x \ y) * y
Print "("; x; "\"; y; ") *"; y; "="; (x \ y) * y
```

14．下面程序段的输出结果为____(22)____。

```
x = 10: y = 20
Print x; "+"; y; "=";
Print x + y
Print "计算结束"
```

2.6　测试题参考答案

一、选择题

1．B

2．C

3．A　　B 是数字开头错误；C 是 VB 表示整型关键字，不可使用；D 中间是减号。

4．D　　A 是十进制整常数；B 是八进制整常数；C 是十六进制整常数。

5．B　　A 是字符变量；C 字符串常量不允许用单引号；D 没有类型声明，则默认为变体类型的变量。

6．A　　B 是整型；C 是字符型；D 是双精度型。

7．D　　D 是双精度常数的形式。

8．B　　掌握算术运算符优先级别和整除、取余运算符的使用方法。

9．B　　见常见错误和难点分析 3。

10．C　　次序为/，＊，\，Mod。

11．D　　按 D 的表示，数学表达式为$\dfrac{abcd}{3}$。

12．B　　Rnd 随机函数产生 0~1（包括 0，不包括 1）的随机数。

13. C

14. B　掌握取子字符串函数 Left、Mid、Right 的使用方法。

15. A

16. C

17. A　Len 求的是字个数，在 VB 中，一个汉字、一个英文字符都是一个字。

18. C

19. C　A 错误在于赋值号左边只允许是变量；B 错误在于表达式中 π 应该用 3.14 常量表示。D 错误在于 3y 是非法的变量名。

20. A　B 错误在于 VB 规定不允许使用 "," 作为语句分隔符；C 错误不能同时给 3 个变量赋值，此语句在 VB 中语法没有错，但结果错。D 错误在于 xyz 是一个变量。

21. D　Mid("123456",3,2) 的值为 "34"，与整数 123 进行 "+" 运算。
在 VB 中，"+" 既可作为算术相加，也可作为字符串连接加，到底属于哪一种，就看两边的操作数，类型均相同，不必考虑。当类型不同时，一边是数字，另一边是数字字符，按算术加处理；否则出现 "类型不匹配" 的错误。本例中数字字符 "34" 自动转换成数值 34，再和 123 相加，结果为 157。

22. A　"&" 是字符串连接符，连接的两边先转换成字符类型，再连接。

23. B　输出时，"Sqr(9)=" 字符串直接按原样输出，Sqr(9) 表达式输出其值。

24. B　Integer 类型存放的最大值为 32 767，因此用 Long 类型存放；Single 和 Double 为实数类型，占用空间比整数类型多。

二、填空题

（1）整型

（2）长整型

（3）单精度型

（4）双精度型

（5）(x Mod 10) * 10 + x \ 10

利用 x Mod 10 和 x \ 10 运算可将一个两位数分离出来，要连接起来，通过乘 10 再加个位数即可。VB 中由于 Mod 运算比乘法 * 运算级别低，必须加括号改变优先级。

（6）Sin(15 * 3.14/180)+Sqr(x + Exp(3))/Abs(x−y)−Log(3 * x)

Sin() 的自变量是弧度；3x 是非法的自变量名，不要写成 Log(3x)。

（7）(a+b)/(1/(c+5) −c * d/2)

不要忘了加括号改变运算次序。

（8）x Mod 5 = 0　Or　x Mod 9 = 0

如果写成 x Mod 5 = 0 And x Mod 9 = 0，则表示 x 既是 5 的倍数又是 9 的倍数。

（9）False　按照运算符的优先级别来判断。

（10）−4

（11）3　Int(x) 函数取不大于 x 的整数。

（12）−3

（13）3　Fix(x) 函数去除小数部分。

（14）-4

（15）4　　　　　　　　　　　Round(x)四舍五入取整。

（16）CDEF

（17）x > 0 And Y > 0 Or x < 0 And Y < 0

（18）DateDiff("d", Now, #2/4/2022#)

提示：Now 和 Date 都是求当前机器内日期，不同之处是，Now 函数除日期外还会返回时间。

（19）DateDiff("w", Now, #6/30/2022#)

（20）UCase(s) >= "A" And UCase(s) <= "Z"

（21）运行结果如图 2.14 所示。主要让读者理解 Print 方法输出若干项内容的方法，既可以用"&"连接符，也可以用";"分隔符。但用";"时，各数值项之间有空格。

（22）运行结果如图 2.15 所示。

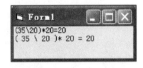

图 2.14　运行结果　　　　　图 2.15　运行结果

第 3 章
选择结构

3.1 知识要点

1. 单边 If 语句的两种格式和使用方法

（1）If <表达式> Then   （2）If <表达式> Then <语句>
　　　<语句块>
　　End If

其中表达式可以是算术表达式、关系表达式和逻辑表达式，按表达式的值非 0 为 True，0 为 False 来判断。当表达式的值为 True 时，执行语句块（或语句）。

多行的 If 必须与 End If 配对，语句块可以是多条语句；单行格式不需要 End If 关键字配对，此时的语句是一条语句或用 "："分隔的多条语句，逻辑上作为一条语句。

2. 双边 If 语句的两种格式和使用方法

（1）If <表达式> Then   （2）If <表达式> Then <语句 1> Else <语句 2>
　　　<语句块 1>
　　Else
　　　<语句块 2>
　　End If

表达式意义同上，当表达式的值为 True 时，执行语句块 1（或语句 1）；否则执行语句块 2（或语句 2）。

3. 多边 If 语句的格式和使用方法

If <表达式 1> Then
　　<语句块 1>
ElseIf <表达式 2> Then
　　<语句块 2>
　　　…
［Else
　　<语句块 $n+1$>］
End If

当 If 结构内有多个条件为 True 时，VB 仅执行第一个为 True 条件后的语句块，然后跳出 If 结构；ElseIf 之间不能有空格。

4. If 语句的嵌套和使用方法

If <表达式 1> Then
　　　…
　　If　<表达式 11> Then
　　　…
　　End If
　　　…
End If

区分嵌套层次的方法，每个 End If 与它上面最接近的 If 配对。书写为锯齿形，便于区分和配对。

5. 情况语句 Select Case 的格式和使用方法

Select Case <变量或表达式>
    Case <表达式列表 1>
        <语句块 1>
    Case <表达式列表 2>
        <语句块 2>
        …
    [Case Else
        <语句块 $n+1$>]
End Select

其中"变量或表达式"可以是数值型或字符串表达式，且只能是对一个变量进行多种情况的判断；Case 子句的"表达式列表 i"与"变量或表达式"的类型必须相同，可以是下面 4 种形式之一：

① 表达式；

② 一组用逗号分隔的枚举值；

③ 表达式 1　To　表达式 2；

④ Is 关系运算符表达式。

"表达式列表 i"中不能出现"变量或表达式"中出现的变量。

6. 条件测试函数的形式和使用方法

IIf(<条件表达式>,当条件为 True 时的值,当条件为 False 时的值)

Choose(<数字类型变量>,值为 1 的返回值,值为 2 的返回值……)

7. 选择控件与框架控件

（1）特点

单选按钮（OptionButton）任何时候只能选择一个；复选框（CheckBox）可以选择 1 个、多个或者不选；框架（Frame）控件可对单选按钮或其他控件分组，成为相互独立的组。

（2）主要属性

3 个控件都有 Caption 属性，在窗体上显示该控件的文本。

单选按钮的 Value 属性为 Boolean，表示选中与否。

复选框控件的 Value 属性有 3 个状态：未选（0-UnChecked）、选中（1-Checked）和无效（2-Grayed）。

（3）主要事件

单选按钮和复选框主要事件为 Click；框架也有该事件，但一般不需要编程。

3.2　实验 3 题解

1. 在购买某物品时，若所支付费用 x 在下述范围内，实际支付金额 y 按对应折扣计算：

$$y=\begin{cases} x & x<1\,000 \\ 0.9x & 1\,000\leqslant x<2\,000 \\ 0.8x & 2\,000\leqslant x<3\,000 \\ 0.7x & x\geqslant 3\,000 \end{cases}$$

【实验目的】

掌握多边 If 语句的正确使用方法。

【分析】

多个条件可有两种表示方法。

方法 1：从小到大或从大到小依次表示；

方法 2：不论次序，将条件区间列出。

【程序】

程序如图 3.1 和图 3.2 代码窗口所示。

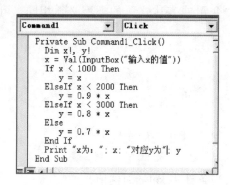

图 3.1　实验 3.1 方法 1 代码窗口

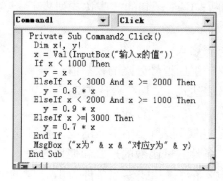

图 3.2　实验 3.1 方法 2 代码窗口

2. 略。

3. 输入 x，y，z 三个数，按从大到小的次序显示，如图 3.3 所示。

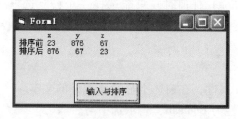

图 3.3　实验 3.3 运行界面

【实验目的】

掌握 InputBox 输入数据的方法。

掌握嵌套的 If 语句或多个 If 表达式书写方法。

【分析】

（1）3 个数通过 InputBox 函数输入到 3 个数值类型变量 x、y、z 中。若字符串型变量，则会得到不正确的结果（因为字符串变量比较时，不是按数值大小比较，而是按字符串从左到右的规则比较，例如会出现"34">"2345">"126789"的情况）。

（2）3个数排序，只能两两比较，一般可用3个单分支的 If 语句来实现。方法如下：

先 x 与 y 比较，使得 x>y。然后 x 与 z 比较，使得 x>z，此时 x 最大。最后 y 与 z 比较，使得 y>z。

也可用一条单分支语句和一条嵌套的 If 语句来实现。方法如下：

首先判断 x 和 y，使得 x>y。然后判断 y 和 z，若 y>z，则3个数已有序；否则 y 与 z 交换，再 x 与 y 比较。

（3）要在文本框显示如图所示的排序结果，利用字符连接符来实现，例如

　　　Text1. Text = x & ">" & y & ">" & z

【程序】

程序代码如图 3.4 所示。

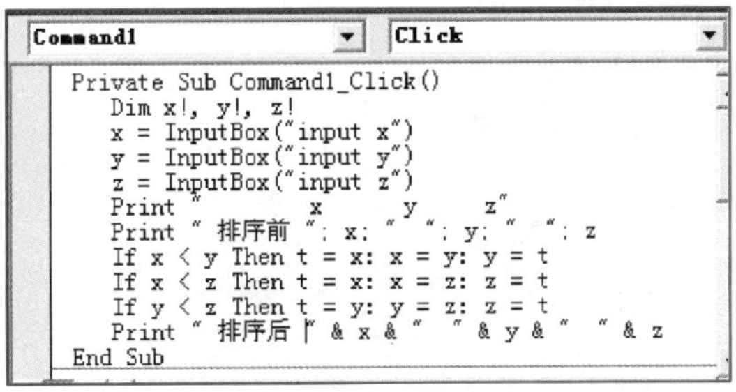

图 3.4　实验 3.3 代码窗口

4. 略。

5. 利用计算机解决古代数学问题"鸡兔同笼"，即已知在同一个笼子里有总数为 *M* 只鸡和兔，鸡和兔的总脚数为 *N* 只，求鸡和兔各有多少只？

【实验目的】

掌握对输入数据合法性检验；掌握利用计算机解决初等数学问题。

【分析】

鸡、兔的只数通过已知输入的 *M*、*N* 列出方程可解，设鸡为 *x* 只，兔为 *y* 只，则计算公式为

$x+y=M$

$2x+4y=N$

即

$x=M-y$

$y=N/2-M$

但不要求出荒唐的解（例 3.5 只鸡、4.5 只兔，或者求得的只数为负数）。因此，在 Text2_LostFocus 事件（当输入总脚数后按 Tab 键进行计算）中要考虑下面两个条件：

① 对输入的总脚数 *N* 必须是偶数；否则提示数据错的原因，重新输入数据。

② 若求出的头数为负数，提示数据错的原因，如图 3.5 所示，重新输入数据。

图 3.5　实验 3.5 运行界面和当输入错误时的提示

【程序】

程序代码如图 3.6 所示。

```
Private Sub Text2_LostFocus()
    Dim m%, n%, y%
    m = Val(Text1)
    n = Val(Text2)
    If n Mod 2 <> 0 Then
        MsgBox ("脚数必定为偶数")
        Text2 = ""
        Text2.SetFocus
    Else
        y = n / 2 - m
        If y < 0 Then
            MsgBox ("脚数必须≥2倍的头数, 请重新输入")
            Text2 = ""
            Text2.SetFocus
        Else
            x = n / 2 - m
            Label2 = y
            Label3 = m - y
        End If
    End If
End Sub
```

图 3.6　实验 3.5 代码窗口

6. 略。

7. 检查表达式输入中圆括号配对问题。

要求对文本框输入的算术表达式, 检验其圆括号配对情况, 并给出相应信息, 如图 3.7 所示。当单击"重置"按钮后, 清除文本框输入的内容、窗体显示的信息和计算配对变量赋初值零, 便于下次再输入和统计。

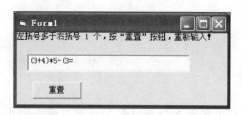

图 3.7　运行界面

【实验目的】

掌握利用选择结构解决实际问题的能力。

掌握窗体级变量的使用方法。

【分析】

（1）在过程外最上方声明一个窗体级变量 n 存放统计括号配对的情况。

（2）在 Text1_KeyPress（KeyAscii As Integer）事件过程中进行如下处理：

```
If Chr(KeyAscii)不是等号 Then
        若是左括号 "(" 则 n+1；
        否则若是右括号 ")" 则 n−1；
Else
        结束表达式输入，对 n 的 3 种情况：=0、>0、<0 用 Print 方法显示相应的信息
End If
```

用一个嵌套的双分支和内嵌两个多分支结构来实现。

【程序】

程序代码如图 3.8 所示。

```
Text1                        ▼   KeyPress                    ▼

  Dim n%                         '窗体级变量
  Private Sub Command1_Click()        '  "重置" 按钮，进行初始化处理
    n = 0
    Text1 = ""
    Form1.Cls
  End Sub

  Private Sub Text1_KeyPress(KeyAscii As Integer)
    If Chr(KeyAscii) <> "=" Then
      If Chr(KeyAscii) = "(" Then
        n = n + 1
      ElseIf Chr(KeyAscii) = ")" Then
        n = n - 1
      End If
    Else
      If n = 0 Then
        Print "括号配对,恭喜你! "
      ElseIf n > 0 Then
        Print "左括号多于右括号 " & n & " 个, 按 "重置" 按钮, 重新输入!"
      Else
        Print "右括号多于括号 " & Abs(n) & " 个 , 按 "重置" 按钮, 重新输入!"
      End If
    End If
  End Sub
```

图 3.8　实验 3.7 代码窗口

8. 略。

9. 设计如图 3.9 所示的计算程序。当输入参数、选择函数和字形后单击"计算"按钮，在 Label3 中以选择的字形显示计算的结果。

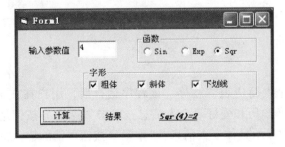

图 3.9　实验 3.9 运行界面

【实验目的】

掌握单选按钮、复选框和框架的使用方法。

掌握数学函数的调用方法。

掌握字形格式的属性和使用方法。

【分析】

对于单选利用一条多分支语句决定调用的数学函数。

对于字形复选框的选用采用逐个判断选择与否，进行属性值的对应设置。字形的属性见表 3.1，设置属性值为 True 时属性起作用。

字 形 属 性	意　　义
FontBold	粗体
FontItalic	斜体
FontStrikeout	删除线
FontUnderline	下画线

▶表 3.1
字形属性

【程序】

程序代码如图 3.10 所示。

```
Text1                          ▼   KeyPress                      ▼
    Dim n%                          ' 窗体级变量

Private Sub Command1_Click()    '    "重置"按钮，进行初始化处理
    n = 0
    Text1 = ""
    Form1.Cls
End Sub

Private Sub Text1_KeyPress(KeyAscii As Integer)
    If Chr(KeyAscii) <> "=" Then
        If Chr(KeyAscii) = "(" Then
            n = n + 1
        ElseIf Chr(KeyAscii) = ")" Then
            n = n - 1
        End If
    Else
        If n = 0 Then
            Print "括号配对,恭喜你!"
        ElseIf n > 0 Then
            Print "左括号多于右括号 " & n & " 个, 按"重置"按钮，重新输入!"
        Else
            Print "右括号多于括号 " & Abs(n) & " 个 , 按"重置"按钮，重新输入!"
        End If
    End If
End Sub
```

图 3.10　实验 3.9 代码窗口

10. 略。

11. 编写一个"个人简历表"程序。该程序运行后，用户在文本框中输入姓名和年龄，选择性别、职业、学历和爱好等个人信息。单击"递交"按钮运行后，利用 Print 方法在右边 Label 控件中显示具体个人信息；"重置"按钮可清除输入的信息和所做的选择。运行界面如图 3.11 所示。

图 3.11　个人简历表

【实验目的】

掌握单选按钮、复选框和框架的使用方法。

掌握 Label 控件显示多行、多项信息的方法。

【分析】

（1）单选用多分支结构，不同类别用不同分支。

（2）复选用单分支结构，有多个复选，用相同个数的单分支结构。

（3）将所选按钮、复选框的值保存在窗体级变量中，通过"递交"按钮在右边显示。

（4）"重置"按钮事件将单选和复选设置为 False、文本框为空和清除右边标签显示的信息。

【程序】

程序代码如图 3.12 所示。

```
Private Sub Command1_Click()
    Dim xb$, xl$, zy$, ah$
    If Option1.Value Then
        xb = Option1.Caption
    Else
        xb = Option2.Caption
    End If
    If Option3.Value Then
        xl = Option3.Caption
    ElseIf Option3.Value Then
        xl = Option4.Caption
    Else
        xl = Option5.Caption
    End If
    If Option6.Value Then
        zy = Option6.Caption
    ElseIf Option7.Value Then
        zy = Option7.Caption
    Else
        zy = Option8.Caption
    End If
    If Check1.Value = 1 Then ah = Check1.Caption
    If Check2.Value = 1 Then ah = ah & " " & Check2.Caption
    If Check3.Value = 1 Then ah = ah & " " & Check3.Caption
    If Check4.Value = 1 Then ah = ah & " " & Check4.Caption
    Label3.Caption = "简历" & vbCrLf & Label1.Caption & ":" & Text1.Text & vbCrLf
    Label3.Caption = Label3.Caption & Label2.Caption & ":" & Text2.Text & vbCrLf
    Label3.Caption = Label3.Caption & Frame1.Caption & ":" & xb & vbCrLf
    Label3.Caption = Label3.Caption & Frame2.Caption & ":" & xl & vbCrLf
    Label3.Caption = Label3.Caption & Frame3.Caption & ":" & zy & vbCrLf
    Label3.Caption = Label3.Caption & Frame4.Caption & ":" & ah & vbCrLf
End Sub
```

图 3.12　实验 3.11 代码窗口

3.3 习题解答

主教材第 4 章习题 1~8。

1. 结构化程序设计的 3 种基本结构是什么？

解答：顺序结构、选择结构和循环结构。

2. 指出下列赋值语句中的错误（包括运行时要产生的错误）。

解答：

(1) 10x = Sin(x) +y   ' 10x 是非法变量名

(2) c = 3+Sqr(-3)   ' 平方根为负数

(3) c+x+y = c * y   ' 左边是表达式

(4) x = Sin(x)/(20 Mod 2)   ' 分母为零

3. MsgBox 函数与 InputBox 函数有什么区别？各自获得的是什么值？

解答：两个函数的共同之处是显示对话框。区别是，InputBox 函数等待用户在文本框输入数据，获得的是输入的字符串数据；MsgBox 函数等待用户按一个按钮，获得的是表示按钮的整数值，以决定程序的流向。

4. 要使单精度变量 x、y、z 分别保留 1 位、2 位、3 位小数，并在窗体显示，使用什么函数？如何写对应的 Print 方法？

解答：使用 Format 函数，具体如下：

```
Print Format(x, "0.0")
Print Format(y, "0.00")
Print Format(z, "0.000")
```

5. 语句

```
If   表达式 Then   …
```

中的表达式可以是算术、字符、关系、逻辑表达式中的哪些？

解答：可以是算术、关系、逻辑表达式。

按照一般语言的规定，If 后应该是关系表达式、逻辑表达式，根据其结果逻辑量是 True 或 False 决定是否执行 Then 后面的子句。在 VB 中还可以是算术表达式，因为在 VB 逻辑判断中，对于非 0 值就作为 True，而 0 值作为 False，因此如下分段函数

$$y = \begin{cases} \sin x/x & x <> 0 \\ 0 & x = 0 \end{cases}$$

可用 VB 语句表示为

```
If   x   Then   y = Sin(x)/x   Else   y = 0
```

而不必写成

```
If   x<>0   Then   y = Sin(x)/x   Else   y = 0
```

6. 指出下列语句中的错误。

(1) If x≥y Then   Print x

解答："≥"应写成">="。

（2）If 10 <x<20 Then x=x+20

解答：VB 中表示 x 的范围 "10 <x<20" 应写成 "10 < x And x<20"。

7. 按照给出的条件，写出相应的条件语句。

（1）当字符变量中第 3 个字符是 "C" 时，利用 MsgBox 显示 "Yes"；否则显示 "No"。

解答：If Mid(c,3,1)= "C" Then MsgBox "Yes" Else MsgBox "No"

（2）利用 If 语句、Select Case 语句两种方法计算分段函数：

$$y=\begin{cases}x^2+3x+2 & x>20 \\ \sqrt{3x}-2 & 10\leqslant x\leqslant20 \\ \dfrac{1}{x}+|x| & 0<x<10\end{cases}$$

解答：

```
' If 语句
Private Sub Command1_Click( )
  x = Text1
  If x > 20 Then
     y = x * x + 3 * x + 2
  ElseIf x >=10  Then
     y = Sqr(3 * x) - 2
  ElseIf x >0  Then
     y = 1 / x + Abs(x)
  End If
  Print y
End Sub
```

```
' Select 语句
Private Sub Command2_Click( )
  x = Text1
  Select Case x
    Case Is > 20
       y = x * x + 3 * x + 2
    Case Is >= 10
       y = Sqr(3 * x) - 2
    Case Is >0
       y = 1 / x + Abs(x)
  End Select
  Print y
End Sub
```

（3）利用 If 语句和 IIf 函数两种方法求 3 个数 x、y、z 中的最大值，放入 Max 变量中。

解答：

```
' If 语句
Max=y
If x>y Then Max=x Else
If z>Max Then Max=z
```

```
' IIf 函数
Max=IIf(x>y,x,y)
Max=IIf(Max>z,Max,z)
```

8. 在多分支结构的实现中，可以用 If…Then…ElseIf…EndIf 形式的语句，也可以用 Select Case … End Select 形式的语句，由于后者的条件书写更灵活、简洁，是否完全可以取代前者？

解答：虽然 Select Case… End Select 形式的语句中条件书写更灵活、简洁，程序可读性强，但使用它有限制。

首先，看该语句的形式：

Select Case <变量或表达式>

Case <表达式列表 1>

　　<语句块 1>

```
Case <表达式列表 2>
    <语句块 2>
    …
[ Case Else
    <语句块 n+1>]
End Select
```

其中<变量或表达式>只能含有一个变量，任何含有多个变量的都是错误的。例如，要判断 x、y 是否在第一、第三象限内，如下输入"Select Case x,y"，VB 编辑程序马上显示"缺少：语句结束"。

其次，在后面的 Case 表达式列表中的"表达式列表"不能出现 Select Case 变量或表达式中使用的变量，也不能出现主教材中列出的 4 种形式外的符号或关键字（符号是逗号；关键字是 Is、To）。

例如，同样上述象限的判断，用如下完整的语句表示：

```
Select Case x,y
    Case x > 0 And y > 0
        Print "第一象限"
    Case x < 0   And   y < 0
        Print "第一象限"
End Select
```

存在多处错误：Select Case x，y 中出现了多个变量；在 Case x > 0 And y > 0 中出现了变量和 And 逻辑运算符。上述例子只能用 If 的多分支结构来实现。

由此可见，虽然 Select Case 结构清晰，但使用受到限制，凡是对多个变量的条件判断只能用 If 的多分支结构来实现。

3.4　常见错误和难点分析

1. If 语句书写问题

在多行的 If 块语句中，书写要求严格，即关键字 Then、Else 后面的语句块必须换行书写；在单行的 If 语句中，必须在一行上书写，若要分行，要用续行符。

2. 计算分段函数，程序的错误

$$y = \begin{cases} x & x<1\,000 \\ 0.9x & 1\,000 \leqslant x<2\,000 \\ 0.8x & 2\,000 \leqslant x<3\,000 \\ 0.7x & x \geqslant 3\,000 \end{cases}$$

程序有 4 个错误，如图 3.13 所示。

3. 在选择结构中缺少配对的结束语句

对多行的 If 块语句中，应有配对的 End If 语句结束。否则，在运行时系统会显示"块 If 没有 End If"的编译错误。

同样对 Select Case 语句也应有与其对应的 End Select 语句。

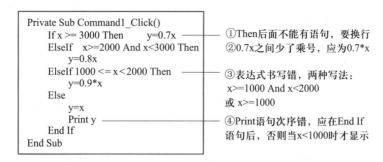

图 3.13   分段函数实现错误示例

4. 多边选择 ElseIf 关键字的书写和条件表达式的表示

多边选择 ElseIf 子句的关键字 ElseIf 中间不能写有空格，即不能写成 Else If。

在多个条件表达式的表示时，应从最小或最大的条件依次表示，以避免条件的过滤。

例如，已知输入某课程的百分制成绩 mark，要求显示对应五级制的评定，评定条件如下：

$$
等级 = \begin{cases}
优 & mark \geqslant 90 \\
良 & 80 \leqslant mark < 90 \\
中 & 70 \leqslant mark < 80 \\
及格 & 60 \leqslant mark < 70 \\
不及格 & mark < 60
\end{cases}
$$

有以下几种表示方式，语法上都没有错，但执行后结果有所不同，请读者分析哪些正确？哪些错误？

下面给出的答案中，方法 1、2、5 正确，其余错误，请读者分析各自的原因。

方法 1：
```
If mark >= 90 Then
    Print "优"
ElseIf mark >= 80 Then
    Print "良"
ElseIf mark >= 70 Then
    Print "中"
ElseIf mark >= 60 Then
    Print "及格"
Else
    Print "不及格"
End If
```

方法 2：
```
If mark < 60 Then
    Print "不及格"
ElseIf mark < 70 Then
    Print "及格"
ElseIf mark < 80 Then
    Print "中"
ElseIf mark < 90 Then
    Print "良"
Else
    Print "优"
End If
```

方法 3：
```
If mark >= 60 Then
    Print "及格"
ElseIf mark >= 70 Then
    Print "中"
ElseIf mark >= 80 Then
    Print "良"
ElseIf mark >= 90 Then
    Print "优"
Else
    Print "不及格"
End If
```

方法 4：
```
If mark >= 90 Then
    Print "优"
ElseIf 80 <= mark <90 Then
    Print "良"
ElseIf 70 <= mark < 80 Then
    Print "中"
```

方法 5：
```
If mark >= 90 Then
    Print "优"
ElseIf 80 <= mark And mark < 90 Then
    Print "良"
ElseIf 70 <= mark And mark < 80 Then
    Print "中"
```

```
ElseIf 60 <= mark < 70 Then          ElseIf 60 <= mark And mark < 70 Then
    Print"及格"                           Print "及格"
Else                                 Else
    Print "不及格"                       Print "不及格"
End If                               End If
```

5. Select Case 语句的使用

（1）"表达式列表"中不能使用"变量或表达式"中出现的变量。例如，上述多边选择的例子改为 Select Case 语句实现，方法 1 中的 Case 子句中出现变量 mark，运行时不论 mark 的值多少，始终执行 Case Else 子句，运行结果不正确；方法 2、方法 3 正确。

```
方法1：                       方法2：                       方法3：
Select Case mark             Select Case mark             Select Case mark
    Case mark >= 90             Case Is >= 90               Case Is >= 90
        Print "优"                 Print "优"                   Print "优"
    Case mark >= 80             Case Is >= 80               Case 80 To 89
        Print "良"                 Print "良"                   Print "良"
    Case mark >= 70             Case Is >= 70               Case 70 To 79
        Print "中"                 Print "中"                   Print "中"
    Case mark >= 60             Case Is >= 60               Case 60 To 69
        Print "及格"               Print "及格"                 Print "及格"
    Case Else                  Case Else                   Case Else
        Print "不及格"             Print "不及格"               Print "不及格"
End Select                   End Select                   End Select
```

（2）在"变量或表达式"中不能出现多个变量。主教材例 4.11 已知坐标点 (x, y)，判断其落在哪个象限，因为要对两个变量 x 和 y 判断，只能用 If 语句的多边选择，而不能用 Select Case 语句实现。

6. 对选择控件的控制问题

单选按钮比较简单。在一组（框架）单选按钮中相互是有牵制的，任何时候只有一个选中，可通过多分支结构来判断。用一个多分支结构来实现对按钮的所选与否的判断。

复选框控件相互是独立的，这要通过各自的单分支结构来判断和控制。在利用它来控制 Font 格式时，要考虑 Font 格式的默认值。

3.5 测试题

一、选择题

1. VB 提供了结构化程序设计的 3 种基本结构，3 种基本结构分别是_____。

（A）递归结构、选择结构、循环结构

（B）选择结构、过程结构、顺序结构

（C）过程结构、输入、输出结构、转向结构

（D）选择结构、循环结构、顺序结构

2. 按照结构化程序设计的要求，下面_____语句是非结构化程序设计语句。

（A）If 语句 （B）For 语句
（C）GoTo 语句 （D）Select Case 语句

3. 下面程序段运行后，显示的结果是_____。

    Dim x%

    If x Then Print x Else Print x + 1

（A）1 （B）0 （C）−1 （D）显示出错信息

4. 关于语句 If x＝1 Then y＝1，下列说法正确的是_____。

（A）x＝1 和 y＝1 均为赋值语句

（B）x＝1 和 y＝1 均为关系表达式

（C）x＝1 为关系表达式，y＝1 为赋值语句

（D）x＝1 为赋值语句，y＝1 为关系表达式

5. 用 If 语句表示分段函数 $f(x)=\begin{cases}\sqrt{x+1} & x\geq 1\\ x^2+3 & x<1\end{cases}$，下列不正确的程序段是_____。

（A）f＝x＊x+3 （B）If x >=1 Then f＝Sqr(x+1)
　　If x >=1 Then f＝Sqr(x+1) 　　If x < 1 Then f＝x＊x+3

（C）If x >=1 Then f＝Sqr(x+1) （D）If x < 1 Then f＝x＊x+3
　　f＝x＊x+3 　　Else f＝Sqr(x+1)

6. 计算分段函数值：

$$y=\begin{cases}0 & x<0\\ 1 & 0\leq x<1\\ 2 & 1\leq x<2\\ 3 & x\geq 2\end{cases}$$

下面程序段中正确的是_____。

（A）If x < 0 Then y = 0 （B）If x >= 2 Then y = 3
　　If x < 1 Then y = 1 　　If x >= 1 Then y = 2
　　If x < 2 Then y = 2 　　If x > 0 Then y = 1
　　If x >= 2 Then y = 3 　　If x < 0 Then y = 0

（C）If x < 0 Then （D）If x > =2 Then
　　　y = 0 　　　y = 3
　　ElseIf x > 0 Then 　　ElseIf x > =1 Then
　　　y = 1 　　　y = 2
　　ElseIf x > 1 Then 　　ElseIf x > =0 Then
　　　y = 2 　　　y = 1
　　Else 　　Else
　　　y = 3 　　　y = 0
　　End If 　　End If

7. 下面程序段显示的结果是_____。

    Dim x%

    x = Int(Rnd) + 5

```
Select Case x
Case 5
    Print "优秀"
Case 4
    Print "良好"
Case 3
    Print "通过"
Case Else
    Print "不通过"
End Select
```

（A）优秀　　　　（B）良好　　　　（C）通过　　　　（D）不通过

8. 下面 If 语句统计满足性别为男、职称为副教授及以上、年龄小于 40 岁条件的人数，不正确的语句是_____。

（A）If sex = "男" And age < 40 And InStr(duty, "教授") > 0 Then n = n + 1

（B）If sex = "男" And age < 40 And (duty = "教授" Or duty = "副教授") Then n = n + 1

（C）If sex = "男" And age < 40 And Right(duty, 2) = "教授" Then n = n + 1

（D）If sex = "男" And age < 40 And duty = "教授" And duty = "副教授" Then n = n + 1

9. 下面程序段求两个数中的大数，不正确的语句是_____。

（A）Max = IIf(x > y, x, y)　　　　（B）If x > y Then Max = x Else Max = y

（C）Max = x　　　　（D）If y >= x Then Max = y

　　　If y >= x Then Max = y　　　　　　Max = x

10. 下面语句执行后，变量 w 中的值是_____。

```
w = Choose( Weekday( "2007,5,1" ), "Red", "Green", "Blue", "Yellow" )
```

（A）Null　　　　（B）"Red"　　　　（C）"Blue"　　　　（D）"Yellow"

11. 关于单选按钮和复选框控件的说法中，错误的是_____。

（A）一个复选框的状态发生变化，不会影响其他复选框的状态

（B）一个单选按钮的状态发生变化，同组中必有另一个单选按钮的状态也发生变化

（C）某个单选按钮被单击一定会触发它的 CheckedChanged

（D）某个复选框被单击一定会触发它的 CheckedChanged

12. 使用框架控件（Frame）的主要作用是_____。

（A）为了规整显示　　　　（B）对控件分组

（C）建立新的显示窗口　　　　（D）在窗体上画线条

13. 单选按钮与复选框控件的本质区别是 _____。

（A）在窗体上显示的形式不同

（B）若窗体上有多个单选按钮和复选框控件且没有分组，任何时候它们都只能选中一个

（C）若窗体上有多个单选按钮和复选框控件且没有分组，任何时候它们都可以选中多个

（D）若窗体上有多个单选按钮和复选框控件且没有分组，单选只能选一个，复选可以选多个

14. 单选按钮在任何时候只有一个被选中的说法在_____情况下是最合适的。

（A） 在一个组内的若干单选按钮

（B） 在一个窗体中若干组中的所有单选按钮

（C） 只要是单选按钮，与分组没有关系

（D） 当只有一个单选按钮时

二、填空题

1. 下面程序运行后输出的结果是＿＿（1）＿＿。

```
x = Int(Rnd) + 3
If x ^ 2 > 8 Then y = x ^ 2 + 1
If x ^ 2 = 9 Then y = x ^ 2- 2
If x ^ 2 < 8 Then y = x ^ 3
Print y
```

2. 下面程序的功能是＿＿（2）＿＿。

```
Dim n%, m%
Private Sub Text1_KeyPress(KeyAscii As Integer)
    If KeyAscii = 13 Then
        If IsNumeric(Text1) Then
            Select Case Text1 Mod 2
                Case 0
                    n = n + Text1
                Case 1
                    m = m + Text1
            End Select
        End If
        Text1 = " "
        Text1. SetFocus
    End If
End Sub
```

3. 下面的程序段是检查输入的算术表达式中圆括号是否配对，并显示相应的结果，运行界面如图 3.14 所示。本程序在文本框输入表达式，边输入，边统计，以输入回车符作为表达式输入结束，然后显示结果。

图 3.14　运行界面

Dim count1%

```
Private Sub Text1_KeyPress(KeyAscii As Integer)
  If _____(3)_____ = "(" Then
    count1 = count1 + 1
  ElseIf _____(4)_____ = ")" Then
    _____(5)_____
  End If
  If KeyAscii = 13 Then
    If _____(6)_____ Then
      MsgBox("左右括号配对")
    ElseIf  count1>0  Then
      MsgBox("左括号多于右括号" & count1 & "个")
    Else
      MsgBox( _____(7)_____ )
    End If
  End If
End Sub
```

思考：该题中统计括号个数的变量 count1 在通用声明段声明，若在 Text1_KeyPress 内声明，程序会产生什么结果？

4. 本程序边输入字符，边分别统计元音字母和其他字母个数，直到按 Enter 键结束，并显示统计结果，大小写不区分，运行界面如图 3.15 所示。其中 CountY 中放元音字母个数，CountC 中放其他字符数。

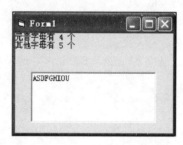

图 3.15 运行界面

```
Dim CountY%, CountC%
Sub Text1_KeyPress(KeyAscii As Integer)
  Dim C As String * 1
  C = _____(8)_____
  If "A" <= C And C <= "Z" Then
    Select Case _____(9)_____
      Case _____(10)_____
        CountY = CountY + 1
      Case _____(11)_____
        CountC = CountC + 1
    End Select
  End If
```

```
        If      (12)      Then
            Print "元音字母有"; CountY; "个"
            Print "其他字母有"; CountC; "个"
        End If
    End Sub
```

思考：Dim CountY%，CountC%变量语句在过程外声明，称为模块级变量；若在过程内声明，显示的结果是多少?

5. 利用 If 语句、Select Case 语句两种方法计算分段函数：

$$y=\begin{cases} x^2+3x+2 & \text{当 } x>20 \\ \sqrt{3x}-2 & \text{当 } 10\leqslant x\leqslant 20 \\ \dfrac{1}{x}+|x| & \text{当 } x<10 \end{cases}$$

```
Sub Command1_Click()                    Sub Command1_Click()
    Dim x!, y!                              x = Val(Text1.Text)
    x = Val(Text1.Text)                     Select Case x
    If      (13)      Then                  Case      (15)
        y = x * x + 3 * x + 2                   y = x * x + 3 * x + 2
    ElseIf      (14)      Then              Case      (16)
        y = 1 / x + Abs(x)                      y = 1 / x + Abs(x)
    Else                                    Case Else
        y = Sqr(3 * x) - 2                      y = Sqr(3 * x) - 2
    End If                                  End Select
    MsgBox("y=" & y)                        MsgBox("y=" & y)
End Sub                                  End Sub
```

6. 输入三角形的 3 条边 a、b、c 的值，根据其数值，判断能否构成三角形。若能，还要显示三角形的性质：等边三角形、等腰三角形、直角三角形、任意三角形。

```
Sub Command1_Click()
    Dim x%, y%, z%
    x = Val(InputBox("input x"))
    y = Val(InputBox("input y"))
    z = Val(InputBox("input z"))
    If      (17)      Then
        MsgBox("能构成三角形")
        If      (18)      Then
            MsgBox("是等边三角形")
        ElseIf      (19)      Then
            MsgBox("是等腰三角形")
        ElseIf Sqr(x * x + y * y) = z Or Sqr(y * y + z * z) = x _
            Or Sqr(x * x + z * z) = y Then
            MsgBox("是直角三角形")
        Else
```

```
                    (20)
        End If
    Else
            MsgBox("不能构成三角形")
    End If
End Sub
```

7. 输入一个年份，判断它是否为闰年，并显示是否是闰年的有关信息。判断闰年的条件是：年份能被 4 整除但不能被 100 整除，或者能被 400 整除。

```
Sub Command1_Click()
    Dim y%
    y = Year(Now)
    If _____(21)_____ Or y Mod 400 = 0 Then
        MsgBox (y & "年是闰年")
    Else
        MsgBox (y & "年是平年")
    End If
End Sub
```

3.6 测试题参考答案

一、选择题

1. D

2. C

3. A   x 没有赋值，默认为 0。在 VB 中，0 作为逻辑常量 False，非 0 作为 True。

4. C   在 VB 中，赋值语句的形式与有等号的关系表达式形式相同，系统自动根据其所处的位置进行语法检验。

5. C   错误原因不论 x 取何值，f=x∗x+3 语句始终执行。

6. D   对于多边选择，一般从最小值开始判断，依次增大；或者从最大值开始判断，依次减小。这样不会被众多的条件所迷惑或考虑不周而漏了某个条件的判断。

7. A

8. D   错在 duty = "教授" And duty = "副教授"，不能用 And，应用 Or，因为一个人的职称不可能既是教授，又是副教授。

9. D   原因同第 5 题。

10. C   Weekday("2007,5,1")求的是 2007 年 5 月 1 日是星期几，VB 规定星期日是 1、星期一是 2，因此，函数返回的是 3，可得
       Choose(3, "Red", "Green", "Blue", "Yellow")
       该函数根据括号内第一个参数判断，若值是 1，函数返回"Red"；若值是 2，函数返回"Green"，依此类推。若无匹配项，返回 Null。

11. C   一个处于选定状态的单选按钮被单击，其状态不会发生变化，仍然处于选

定状态。

12. B 框架控件作用就是对控件进行分组。

13. D 简单地说，看控件的名称就知道差别。

14. A 只有一个按钮被选中是有范围限定的，若窗体上没有组，则所有单选按钮只有一个被选中；若有多个组，则每个组内只有一个按钮被选中。

二、填空题

（1）7

（2）分别统计输入若干数的奇数和、偶数和，并存放在 m、n 中。

（3）Chr(KeyAscii)　　　　　　　　　　　　　将 KeyAscii 转换成字符。

（4）Chr(KeyAscii)

（5）count1 = count1−1　　　　　　　若遇右括号，括号数减 1。

（6）count1 = 0　　　　　　　括号配对。

（7）"右括号多于左括号" & −count1 & "个"

　　　　　　　　　　　　　　　　　　多的个数是 count1 取负的值。

（8）UCase(Chr(KeyAscii))　　　　大小写不区分。

（9）C

（10）"A","E","I","O","U"　　　　是元音字母。

（11）Else　　　　　　　　　　其他字符。

（12）KeyAscii = 13

（13）x > 20

（14）x < 10

（15）Is > 20　　　　　　　比较与（13）的区别。

（16）Is < 10

（17）x + y > z And x + z > y And y + z > x　构成三角形的任意两边之和大于第三边。

（18）x = y And y = z

（19）x = y Or y = z Or x = z　　　掌握 Or 与（18）中 And 的区别。

（20）MsgBox("是其他三角形")　　　能构成三角形但上述条件都不满足。

（21）y Mod 4 = 0 And y Mod 100 <> 0　　Year() 函数表示取当前日期 Now 的年份。

第4章
循环结构

4.1 知识要点

1. For 循环结构的形式和使用方法

(1) For i = 0 To 360 Step 10
      Print sin(i * 3.14 / 180)
   Next i

(3) For j = 360 To 0 Step −10
      Print sin((360 − j) * 3.14 / 180)
   Next j

(2) For x = 0 To 6.28 Step 6.28 / 36
      Print sin(x)
   Next x

2. Do…Loop 循环结构形式和使用方法

根据不同组合，有 5 种形式：

(1) 无条件循环
Do
  <循环体>
Loop

(2) 当条件为真循环
Do While <条件>
  <循环体>
Loop

(3) 当条件为真不循环
Do Until <条件>
  <循环体>
Loop

(4) 先循环再判断
Do
  <循环体>
Loop While <条件>

(5) 先循环再判断
Do
  <循环体>
Loop Until <条件>

3. 循环的嵌套及注意事项

循环体内又出现循环结构称循环的嵌套或多重循环。多重循环的循环次数为每一重循环次数的乘积。

外循体内要完整地包含内循环结构，不能交叉。

4. 其他辅助语句

(1) GoTo 语句

形式：GoTo {标号|行号}

标号是字母开头的字符序列，转移到的标号后应有冒号；行号是一个数字序列。

(2) Exit 语句

有多种形式的 Exit 语句，如 Exit For、Exit Do、Exit Sub、Exit Function 等，用于退出某种控制结构的执行。

(3) End 语句

独立的 End 语句用于结束程序的运行，它可以放在任何事件过程中。

在 VB 中，还有多种形式的 End 语句，在控制语句或过程中经常使用，用于结束一个过程或块。如 End If、End Select、End With、End Type、End Function、End Sub 等，它与对应的语句配对使用。

(4) Stop 语句

作用是暂停程序的执行，相当于在程序代码中设置了断点。当单击"继续"按钮后，继续程序的运行。

（5）With 语句

形式：

With　对象

　　　语句块

End With

With 语句用于对某个对象执行一系列的语句，而不用重复指出对象的名称。

5. 滚动条、进度条和定时器控件

利用滚动条也可用作数据的输入工具；进度条通常用来指示事务处理的进度；定时器以一定的时间间隔产生 Timer 事件，对实现动画功能很有用。

滚动条和进度条共有的重要属性有 Min、Max 和 Value。滚动条独有的属性还有 Small-Change 和 LargeChange。滚动条重要的事件是 Scroll 和 Change。

使用滚动条和进度条关键要确定 Min、Max，然后根据滑块获得当前 Value 值或根据 Value 值指示进度条位置。

定时器的重要属性是 Interval，以 0.001 s 为单位，确定产生 Timer 事件的间隔。要停止定时器工作，设置 Enabled 为 False 或 Interval＝0 就可。

4.2　实验4题解

1. 用 For 循环语句实现如图 4.1 所示的字符图。

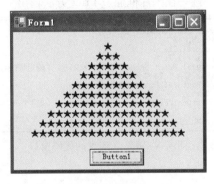

图4.1　实验4.1运行界面

【实验目的】

掌握循环结构以及字符串函数的正确使用方法。

【分析】

① 要显示有规律字符图，可以通过以下3种方法：

● 利用 String(n, s)函数产生重复字符串。

● 通过 Mid(s,n)函数取子串。

● 每行利用循环逐一输出字符。

② 通过循环结构确定显示的起始位，使用 Tab(20-2 * i)或 Space(20-i * 2)函数，然后显示有规律的子串。

③ 对于特殊字符★、☆通过汉字标准输入的软键盘 菜单中的"特殊符

号"来实现。

【程序】

（1）方法1：通过 String(n, s)函数和 Print 方法，程序代码如图 4.2 所示。

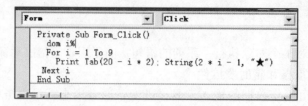

```
Private Sub Form_Click()
  dom i%
  For i = 1 To 9
    Print Tab(20 - i * 2); String(2 * i - 1, "★")
  Next i
End Sub
```

图 4.2　方法 1 实现的代码窗口

（2）方法2：通过 Mid(s, n)函数取子串和 Label1 控件显示。程序代码如图 4.3 所示。

```
Private Sub Command1_Click()
  Dim s$, i%
  s = "★★★★★★★★★★★★★★★★★★★"
  Label1.Caption = ""
  For i = 1 To 9
    Label1.Caption = Label1.Caption & Space(20 - i * 2) & Mid(s, 1, 2 * i - 1) & vbCrLf
  Next i
End Sub
```

图 4.3　方法 2 实现的代码窗口

（3）方法3：每行用循环逐一在图片框通过 Print 方法输出字符。程序代码如图 4.4 所示。

```
Private Sub Command2_Click()
  Dim i%, j%
  Picture1.Cls
  For i = 1 To 9
    Picture1.Print Space(20 - i * 2);    '确定每行起始位
      For j = 1 To 2 * i - 1
        Picture1.Print "★";
      Next j
      Picture1.Print                     '出了内循环换行
  Next i
End Sub
```

图 4.4　方法 3 实现的代码窗口

2. 略。

3. 求 $s = 1 + (1+2) + (1+2+3) + (1+2+3+4) + \cdots + (1+2+3+4+\cdots+n)$。

要求：

（1）用 For 单循环求前 30 项和。

（2）用 Until 求多项式和，直到和大于 5 000 为止。

运行效果如图 4.5 所示。

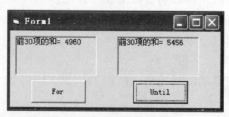

图 4.5　实验 4.3 运行效果

【实验目的】

掌握部分级数和的计算方法。

【分析】

根据第 $T_i = T_{i-1} + i$ 的通项规律就可方便地用一重循环实现。如当 $i = 4$ 时，$T_{i-1} = 1+2+3 = 6$，$T_i = T_{i-1} + 4 = 6+4 = 10$。这里 T_i、T_{i-1} 实际就是同一个变量。

【程序】

（1）方法1：利用 For 循环语句，程序代码如图 4.6 所示。

```
Command1                    ▼   Click                   ▼
Private Sub Command1_Click()
  Dim i%, sum%, t%
  For i = 1 To 30
    t = t + i
    sum = sum + t
  Next i
  Label1.Caption = "前" & i - 1 & "项的和= " & sum
End Sub
```

图 4.6　For 循环实现的代码窗口

（2）方法2：利用 Do…Until 循环，程序代码如图 4.7 所示。.

```
Command2                    ▼   Click                   ▼
Private Sub Command2_Click()
  Dim i%, sum%, t%
  i = 1
  Do
    t = t + i
    sum = sum + t
    i = i + 1
  Loop Until sum > 5000
  Label2.Caption = "前 " & i - 1 & "项的和= " & sum
End Sub
```

图 4.7　Do…Until 循环实现的代码窗口

思考：若要将部分级数和形式显示出来，程序应如何改编？

4. 略。

5. 计算 $S = 1 + \dfrac{1}{2} + \dfrac{1}{4} + \dfrac{1}{7} + \dfrac{1}{11} + \dfrac{1}{16} + \dfrac{1}{22} + \dfrac{1}{29} + \cdots$，当第 i 项的值 $< 10^{-5}$ 时结束。

【实验目的】

利用循环，计算部分级数和。

【分析】

本题的关键是找规律写通项。本题规律为：第 i 项的分母是前一项的分母加上 i（i 从 0 开始计数），即分母通项为：$T_i = T_{i-1} + i$。

图 4.8　实验 4.5 运行结果

因为事先不知循环次数，一般应使用 Do While 循环结构。当然也可使用 For 循环结构，设置循环的终值为一个较大的值。运行结果如图 4.8 所示。

【程序】

```
' Do While 循环结构
Private Sub Command1_Click( )
  Dim s!, t!, i&
  s = 1
  t = 1
  i = 1
  Do While 1 / t > 0. 00001
    t = t + i
    s = s + 1 / t
    i = i + 1
  Loop
  Print "Do While 结构"; s, i - 1; "项"
End Sub
```

```
' For 结构
Private Sub Command2_Click( )
  Dim s!, t!, i&
  s = 1
  t = 1
  For i = 1 To 100000
    t = t + i
    s = s + 1 / t
    If 1 / t < 0. 00001 Then Exit For
  Next i
  Print "For 结构"; s, i; "项"
End Sub
```

6. 略。

7. 求 $S_n = a + aa + aaa + aaaa + \cdots + aa\cdots aaa$（$n$ 个 a），其中 a 是通过滚动条获得的一个 1~9（包括 1，9）中的正整数，n 是通过滚动条获得的 5~10（包括 5，10）中的一个数。例如，当 $a = 2$，$n = 5$ 时，$S_n = 2 + 22 + 222 + 2\ 222 + 22\ 222$。

【实验目的】

掌握滚动条的使用和利用循环形成有规律的数和以所需的形式显示。

【分析】

（1）为得到不断重复 a 的 n 位数 Temp，可用如下程序段实现：

```
Temp = 0
For i = 1 To n
    Temp = Temp * 10 + a
Next i
```

（2）显示结果有两种形式：横向显示，每一项接连显示，如图 4.9 所示；纵向显示，每一项占一行，如图 4.10 所示。

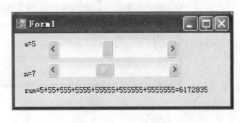

图 4.9　横向显示运行结果

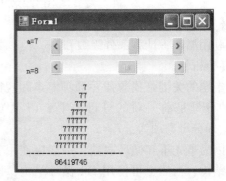

图 4.10　纵向显示运行结果

【程序】

（1）方法 1：横向显示程序如图 4.11 所示代码窗口。

```
HScroll2                      ▼   Scroll                    ▼
    Private Sub Form_Load()
        HScroll1.Min = 1
        HScroll1.Max = 9
        HScroll2.Min = 5
        HScroll2.Max = 10
    End Sub

    Private Sub HScroll1_Change()
      Label1.Caption = "a=" & HScroll1.Value
    End Sub

    Private Sub HScroll2_Scroll()
     Label2.Caption = "n=" & HScroll2.Value
        Dim n%, a%, i%, sum&, t&
        a = HScroll1.Value
        n = HScroll2.Value
        Label2.Caption = "n=" & HScroll2.Value
        Label3.Caption = "sum="
        sum = 0: t = 0
        For i = 1 To n
            t = t * 10 + a
            If i <> n Then
                Label3.Caption = Label3.Caption & t & "+"
            Else
                Label3.Caption = Label3.Caption & t
            End If
            sum = sum + t
        Next
        Label3.Caption = Label3.Caption & "=" & sum
    End Sub
```

图 4.11　横向显示代码窗口

（2）方法 2：纵向显示程序如图 4.12 所示代码窗口。

```
HScroll2                      ▼   Scroll                    ▼
    Private Sub HScroll2_Scroll()
        Label2.Caption = "n=" & HScroll2.Value
        Dim n%, a%, i%, sum&, t&
        a = HScroll1.Value
        n = HScroll2.Value
        Label2.Caption = "n=" & HScroll2.Value
        Label4.Caption = "sum=" & vbCrLf
        sum = 0: t = 0
        For i = 1 To n
            t = t * 10 + a
            Label4.Caption = Label4.Caption & Space(15 - Len(Trim(t))) & t & vbCrLf
            sum = sum + t
        Next
        Label4.Caption = Label4.Caption & "---------------" & vbCrLf
        Label4.Caption = Label4.Caption & Space(15 - Len(Trim(t))) & sum
    End Sub
```

图 4.12　纵向显示代码窗口

8. 略。

9. 将 Image 图片装入图像框，利用水平和垂直滚动条改变图像控件的大小来实现对图片进行任意大小缩放。

【实验目的】

掌握滚动条控件、图像框控件的使用方法。

【分析】

要实现图片缩放关键有以下几点：

（1）将 Image 图片的 Stretch 属性设置为 True，使得图片随着图像控件大小的改变而变。

（2）将滚动条的最大值和最小值与图像控件放大和缩小相关联，将两个滚动条的 Value 值分别赋值给 Image1 控件的高度和宽度。

（3）App. Path 表示装入的图片文件与应用程序在同一个文件夹中。

【程序】

程序代码如图4.13所示。

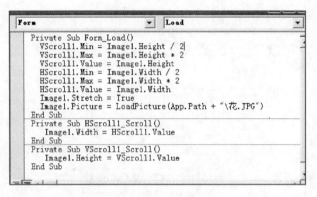

图4.13　实验4.9代码窗口

10. 略。

11. 参阅主教材教学篇例4.29，用迭代法求 $x = \sqrt[3]{a}$，求立方根的迭代公式为

$$x_{i+1} = \frac{2}{3}x_i + \frac{a}{3x_i^2}$$

迭代到 $|x_{i+1} - x_i| < \varepsilon = 10^{-5}$ 为止，x_{i+1} 为方程的近似解。显示 $a = 3$、27 的值，通过求 $\sqrt[3]{a}$ 的表达式加以验证。

【实验目的】

掌握用迭代法求解高次方程的根。

【分析】

对一元二次方程可通过求根公式求得方程的精确解；对高次方程只能通过迭代法求高次方程的近似解。

迭代法求根的思路是：对方程 $f(x)$ 给定一个初值 x_0 作为方程的近似根，通过迭代公式求方程根的新值 x_1。初值与新值若差值小于精度，即 $|x_1 - x_0| < \varepsilon$，则认为新值为方程根的近似解；否则用新值代替初值，再根据迭代公式进行迭代。

迭代流程如图4.14所示，程序运行效果如图4.15所示。

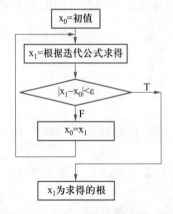

图4.14　迭代流程图

图4.15　运行效果

【程序】

程序代码如图 4.16 所示。

```
Command1                          ▼   Click                    ▼
Private Sub Command1_Click()
 Dim a%, x0!, x1!
    a = 3
    x0 = a
    Do
      x1 = 2 * x0 / 3 + a / 3 / x0 / x0
      If Math.Abs(x1 - x0) < 0.00001 Then Exit Do
      x0 = x1
    Loop
    Label1.Caption = a & "立方根为: " & x1 & vbCrLf
    Label1.Caption = Label1.Caption & "利用运算符求得3的立方根为: " & a ^ (1 / 3)
End Sub
```

图 4.16　程序代码窗口

12. 略。

13. 用计算机安排考试日程。期末某专业在周一到周六的 6 天时间内要考 x、y、z 三门课程,考试顺序为先考 x,后考 y,最后考 z,规定一天只能考一门,且 z 课程最早安排在周五考。编写程序安排考试日程(即 x、y、z 三门课程各在哪一天考),要求列出满足条件的所有方案。

【实验目的】

掌握用循环来解决实际问题的能力。

【分析】

三门课程,用 3 重循环来根据条件要求一一罗列出满足条件的记录,关键设置循环的初值和终值。

【程序】

程序代码如图 4.17 所示。

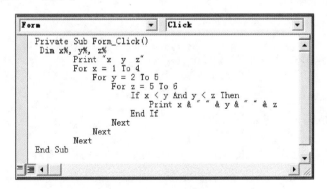

```
Form                              ▼   Click                    ▼
Private Sub Form_Click()
 Dim x%, y%, z%
         Print "x  y  z"
         For x = 1 To 4
             For y = 2 To 5
                 For z = 5 To 6
                     If x < y And y < z Then
                         Print x & "  " & y & "  " & z
                     End If
                 Next
             Next
         Next
End Sub
```

图 4.17　程序代码窗口

14. 略。

4.3　习题解答

主教材第 4 章习题 9~15。

1. 计算下列循环语句的次数。

（1）For　I= -3　To　20　Step　4

解答：循环次数为6次。循环体内I的值分别为-3，1，5，9，13，17，出了循环I的值为21。

（2）For　I= -3.5　To　5.5　Step　0.5

解答：循环次数为19次。

（3）For　I= -3.5　To　5.5　Step　-0.5

解答：不循环，因为步长<0，循环初值<终值。

（4）For　I= -3　To　20　Step　0

解答：无数次，因为步长=0。

2. 下列30~90为语句标号，第40句共执行了几次？第50句共执行了几次？第90句语句显示的结果是多少？

```
30      For j = 1 To 12 Step 3
40        For k = 6 To 2 Step −2
50          mk = k
60          MsgBox("j=" &  j  & "k=" & k)
70        Next k
80      Next j
90      MsgBox("j=" &  j  & "k=" & k & "mk=" & mk)
```

解答：第40句共执行了4次，是外循环的循环体；第50句共执行了12次，是内循环的循环体，循环次数为两重循环次数的乘积；第90句语句显示的结果是：j=13k=0mk=2。

3. 如果事先不知道循环次数，如何用For…Next结构来实现？

解答：只要将循环的终值设置为一个非常大的值，然后在循环体内增加If语句，判断是否达到循环结束条件。形式如下：

```
For　循环变量=1 To　非常大的数
    …
    If　达到循环结束条件 Then　Exit For
    …
Next　循环变量
```

4. 利用循环结构，实现如下功能。

（1）$s = \sum_{i=1}^{10} (i+1)(2i+1)$

解答：

```
s=0
For i=1 To 10
    s=s+(i+1)*(2*i+1)
Next i
```

（2）统计1~100中，满足3的倍数、7的倍数的数各有多少个？

解答：

```
s3=0
```

```
s7 = 0
For i = 1 To 100
    If i Mod 7 = 0 Then s7 = s7+1
    If i Mod 3 = 0 Then s3 = s3+1
Next i
```

（3）将输入的字符串以反序显示。例如，输入"ASDFGHJKL"，显示"LKJHGFDSA"。

解答：

```
S = InputBox("输入字符串")
For i = Len(s) To 1 Step −1
    Print Mid(s,i,1);
Next i
```

5. 下面程序运行后的结果是什么？该程序的功能是什么？

```
Private Sub Command1_Click()
    Dim x $, n%
    n = 20
    Do While n <> 0
        a = n Mod 2
        n = n \ 2
        x = Chr(48 + a) & x
    Loop
    Print x
End Sub
```

解答：运行后结果为10100，该程序的功能是将十进制数转换成二进制字符串。

6. 下面程序运行后的结果是什么？该程序的功能是什么？

```
Private Sub Command1_Click()
    Dim x%, y%, z%
    x = 242：  y = 44
    z = x * y
    Do Until x = y
        If x > y Then x = x − y Else y = y − x
    Loop
    Print x, z / x
End Sub
```

解答：运行结果为22和484。该程序的功能是用相减法求 x、y 的最大公约数和最小公倍数。

7. 利用随机函数产生 20 个 50~100 的随机数，显示它们的最大值、最小值、平均值。

```
Private Sub Form_Click()
    Dim i%, min%, max%, avg%, x%
    min = 100        ' 设置最小值、最大值和平均值的初态
    max = 50
    avg = 0
    For i = 1 To 20
```

```
        x = Int( Rnd ∗ 51 + 50)
        Print x;
        If x > max Then max = x
        If x < min Then min = x
        avg = avg + x
    Next i
    Print
    Print "最小值="; min, "最大值="; max, "平均值="; avg / 20
End Sub
```

4.4   常见错误和难点分析

1. 不循环或死循环的问题

主要是循环条件、循环初值、循环终值、循环步长的设置有问题。

例如，以下循环语句不执行循环体：

```
For i= 10 To 20 Step −1    '步长为负,初值必须大于等于终值,才能循环
For i= 20 To 10 '省略步长,相当于步长为 1;步长为正,初值必须小于等于终值,才能循环
Do While False              '循环条件永远不满足,不循环
```

例如，以下循环语句为死循环：

```
For i= 10 To 20 Step 0    '步长为零,死循环
Do While 1                '循环条件永远满足,死循环;这时在循环体内应有终止循环的语句
```

2. 循环控制变量在循环体内可以引用，但不要被赋值

如下循环控制变量引用和赋值的两种使用方式，将影响循环次数，引起不必要的混乱，运行效果如图 4.18 所示。

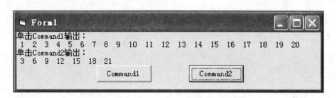

图 4.18   循环控制变量引用和被赋值的两种使用方式运行效果

```
Private Sub Command1_Click( )
    Print "单击 Command1 输出:"
    For i = 1 To 20
      s = s + i      '循环控制变量 i 被引用,正确使用
      Print i;
    Next i
    Print
End Sub
Private Sub Command2_Click( )
    Print "单击 Command2 输出:"
```

```
            For i = 1 To 20
               i = i + 2              ' 循环控制变量 i 被赋值,改变了循环的次数,不正确使用
                Print i;
            Next i
            Print
         End Sub
```

3. 循环结构中缺少配对的结束语句

For…Next 语句没有配对的 Next 语句;Do 语句没有一个终结的 Loop 语句等。

4. 循环嵌套时,内外循环交叉

```
         For i =1 to 4
            For j =1 to 5
             …
            Next i
         Next j
```

上述循环内外交叉,运行时显示"无效的 Next 控制变量引用"。外循环必须完全包含内循环,不得交叉。

5. 循环结构与 If 块结构交叉

```
         For i =1 to 4
           If  表达式 Then
            …
         Next i
         End If
```

错误原因同上,正确的应该为 If 结构完全包含循环结构,或者循环结构完全包含 If 结构。

6. 累加、连乘时,存放累加、连乘结果的变量赋初值问题

(1) 一重循环

在一重循环中,存放累加、连乘结果的变量初值设置应在循环语句前。

例如,求 1~100 中 3 的倍数和,结果放入 Sum 变量中,如下程序段,输出结果如何?

```
         Private Sub Form_Click( )
           For i = 3 To 100 Step 3
             Sum = 0
             Sum = Sum + i
           Next i
           Print Sum
         End Sub
```

要得到正确的结果,应如何改进?

(2) 多重循环

在多重循环中,存放累加、连乘结果的变量初值设置放在外循环语句前,还是内循环语句前,这要视具体问题分别对待。

例如,期末 30 位学生参加 3 门课程的考试,求每个学生的 3 门课程的平均成绩,如下程序能否实现?应如何改进?

```
aver = 0
For i = 1 To 30
  For j = 1 To 3
    m = InputBox("输入第" & j & "门课的成绩")
    aver = aver + m
  Next j
  aver = aver / 3
  Print aver
Next i
```

7. 求 π 近似值出现的错误

求 π 计算公式为

$$\pi = 2 \times \frac{2^2}{1 \times 3} \times \frac{4^2}{3 \times 5} \times \frac{6^2}{5 \times 7} \times \cdots \times \frac{(2 \times n)^2}{(2n-1) \times (2n+1)}$$

程序段有 4 处错误，如图 4.19 所示。

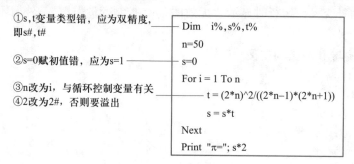

图 4.19   计算 π 程序段错误

8. 将一个任意位数的正整数 m 逐一分离的方法

将 m 不断除以 10 取余得 r 并显示，然后将 m 整除 10 得商，重复上述过程，直到商为零。程序代码如图 4.20 所示，运行效果如图 4.21 所示。

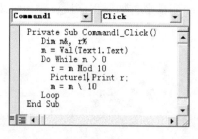

图 4.20   程序代码窗口

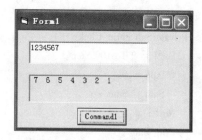

图 4.21   运行效果

思考：若要将分离的每一位连接起来，则程序如何实现？

9. 控制定时器工作或不工作

通过设置定时器控件 Enabled 属性值为 True 或 False 来控制工作或不工作。

4.5 测试题

一、选择题

1. 以下＿＿＿＿＿＿是正确的 For … Next 结构。

(A) For x = 1 To   Step 10   (B) For x = 3 To −3 Step −3

　　　…　　　　　　　　　　　　　…

　　Next x　　　　　　　　　Next x

(C) For x = 1 To 10   (D) For x = 3 To 10   Step 3

 re:…　　　　　　　　　　　　…

　　Next x　　　　　　　　　Next y

　　If i = 10 Then GoTo re

2. 下列循环结构中，能正常结束循环的是＿＿＿＿＿＿。

(A) i = 5   (B) i = 1

　　Do　　　　　　　　　　Do

　　　　i = i + 1　　　　　　　i = i + 2

　　Loop Until i < 0　　　　Loop Until i = 10

(C) i = 10   (D) i = 6

　　Do　　　　　　　　　　Do

　　　　i = i + 1　　　　　　　i = i−2

　　Loop Until i > 0　　　　Loop Until i = 1

3. 下面程序段的运行结果为＿＿＿＿＿＿。

```
For i = 3 To 1 Step −1
    Print Spc(5−i);
    For j = 1 To 2 * i−1
      Print " * ";
    Next j
    Print
Next i
```

(A)   *   (B) *****   (C) *****   (D) *****

　　***　　　　　***　　　　　***　　　　　***

　　*****　　　　　*　　　　　　*　　　　　　*

4. 当在文本框中输入"ABCD" 4 个字符时，窗体上显示的是＿＿＿＿＿＿。

```
Private Sub Text1_Change()
    Print Text1;
End Sub
```

(A) ABCD   (B) A   (C) AABABCABCD   (D) A

　　　　　　　　B　　　　　　　　　　　　AB

　　　　　　　　C　　　　　　　　　　　　ABC

　　　　　　　　D　　　　　　　　　　　　ABCD

5. 下列程序段不能正确显示 1!、2!、3!、4! 的值的是_____。

（A）For i = 1 To 4
　　　n = 1
　　　For j = 1 To i
　　　　n = n * j
　　　Next j
　　　Print n
　　Next i

（B）For i = 1 To 4
　　　For j = 1 To i
　　　　n = 1
　　　　n = n * j
　　　Next j
　　　Print n
　　Next i

（C）n = 1
　　For j = 1 To 4
　　　n = n * j
　　　Print n
　　Next j

（D）n = 1
　　j = 1
　　Do While j<= 4
　　　n = n * j
　　　Print n
　　　j = j+1
　　Loop

6. 下列关于 Do …Loop 循环结构执行循环体次数的描述中，正确的是_____。

（A）Do While …Loop 循环和 Do…Loop Until 循环至少都执行一次

（B）Do While …Loop 循环和 Do…Loop Until 循环可能都不执行

（C）Do While …Loop 循环至少执行一次，Do…Loop Until 循环可能不执行

（D）Do While …Loop 循环可能不执行，Do…Loop Until 循环至少执行一次

7. 下面的程序段运行后显示的结果是_____。

```
Private Sub Command1_Click( )
    For i = 1 To 5
      n = 0
      For j = i To 5
        n = n + 1
      Next j
    Next i
    Print n
End Sub
```

（A）10　　　　　　（B）5　　　　（C）15　　　　　（D）1

二、填空题

1. 要使下列 For 语句循环执行 20 次，循环变量的初值应是：

```
For k = ____(1)____ To -5 Step  -2
```

2. 下面程序段显示____(2)____个 " * "。

```
For i = 1 To 5
  For j = 2 To i
    Print " * ";
  Next j
Next i
```

3. 下列第 40 句语句共执行了_____(3)_____次，第 41 句语句共执行了_____(4)_____次。

```
30   For j = 1 To 12 Step 3
40      For k = 6 To 2 Step-2
41         MsgBox(j & "   " & k)
42      Next k
43   Next j
```

4. 输入任意长度的字符串，要求将字符顺序倒置。例如，将输入的"ABCDEFG"变换成"GFEDCBA"。

```
Private Sub Command1_Click( )
   Dim a $, I%, c $, d $, n%
   a = InputBox $("输入字符串")
   n = _____(5)_____
   For I = 1 To _____(6)_____
      c = Mid(a, I, 1)
      Mid(a, I, 1) = _____(7)_____
      _____(8)_____ = c
   Next I
   Print a
End Sub
```

5. 找出能被 3、5、7 除，余数均为 1 的最小的 5 个正整数。

```
Private Sub Command1_Click( )
   Dim CountN%, n%
   CountN = 0
   n = 1
   Do
      n = n + 1
      If _____(9)_____ Then
         Print n
         CountN = CountN + 1
      End If
   Loop _____(10)_____
End Sub
```

6. 有一个长阶梯，如果每步跨 2 阶最后剩 1 阶，如果每步跨 3 阶最后剩 2 阶，如果每步跨 4 阶最后剩 3 阶，如果每步跨 5 阶最后剩 4 阶，如果每步跨 6 阶最后剩 5 阶，只有当每步跨 7 阶时恰好走完，求这个阶梯至少要有多少阶。

提示：利用其肯定是 7 的倍数这个条件，然后根据同时满足除 n 余 m（$n=2$，3，4，5，6；$m=1$，2，3，4，5）的逻辑关系即可。

```
Sub Command1_Click( )
   Dim n%, m%
   For n = 7 To 10000 Step 7
      If n Mod 2 = 1 And _____(11)_____ Then
         Print n
```

```
            (12)
        End If
    Next
End Sub
```

7. 某次大奖赛，有 7 个评委打分，如下程序对一名参赛者，输入 7 个评委的打分分数，去掉一个最高分和一个最低分后，求出平均分作为该参赛者的得分。

```
Sub Command1_Click( )
    Dim mark!, aver!, i%, max1!, min1!
    aver = 0
    For i = 1 To 7
        mark = InputBox("输入第" & i & "位评委的打分")
        If i = 1 Then
            max1 = mark:      (13)
        Else
            If mark < min1 Then
                   (14)
            ElseIf mark > max1 Then
                   (15)
            End If
        End If
           (16)
    Next i
    aver =      (17)
    Print aver
End Sub
```

8. 下面程序的功能是判断 100 以内的孪生素数，运行效果如图 4.22 所示。所谓"孪生素数"是指两个数相差 2 的素数对。

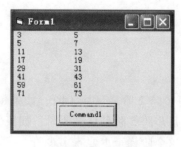

图 4.22   运行效果

```
Private Sub Command1_Click( )
    Dim p1 As Boolean, p2 As Boolean, i%, j%
    p1 = True
    For i = 5 To 97 Step 2
        For j = 2 To Sqr(i)
            If i Mod j = 0 Then      (18)
```

```
Next j
If j > Sqr(i) Then p2 = True Else p2 = False
If ___(19)___ Then
    Print i - 2, i
End If
p1 = ___(20)___
Next i
End Sub
```

9. 以下程序的功能是将 32 位二进制的 IP 地址转换成"点分十进制"的形式，程序运行效果如图 4.23 所示。

图 4.23　程序运行效果

说明：32 位二进制的 IP 地址由 4 个字节（每个字节 8 位）组成。转换方法是将各个字节组成的二进制数转换成十进制数，再用"."连接起来，这样就转换成"点分十进制"形式了。例如

32 位二进制的 IP 地址：<u>11000000</u> <u>10101000</u> <u>00000111</u> <u>00011100</u>
　　　　　　　　　　　　192　　　168　　　7　　　28
"点分十进制"形式：192. 168. 7. 28

```
Private Sub Command1_Click()
    Dim str1 $, str2 $, str8 $
    Dim i%, j%, sum%
    str1 = Trim(Text1. Text)
    If ___(21)___ <> 32 Then
        MsgBox ("不是 32 位,有错!")
        Exit Sub
    End If
    str2 = ""
    For i = 1 To 4                      '从左到右逐个字节进行转换
        sum = 0
        str8 = Mid(str1, (i - 1) *8 + 1, 8)      '提取第 i 个字节
        For j = 1 To 8                  '转换为十进制
            sum = sum * 2 + Val(Mid(str8, ___(22)___, 1))
        Next j
        str2 = str2 & ___(23)___
```

```
              If i < 4 Then str2 = str2 & ". "
         Next i
         Label1. Caption = _____(24)
    End Sub
```

4.6   测试题参考答案

一、选择题

1. B   A 少了终值；C 循环体外转入循环体内，没有执行到 For 语句，循环的初值、
        终值、步长未知；D 循环控制变量不统一。

2. C   A 死循环，永远不可能小于 0；B 死循环，不可能使 i = 10；D 死循环，不可
        能使 i = 0。

3. B

4. C   按一个字符，激发一次 Text1_Change( ) 事件，将当前文本框内容显示出来。

5. B   在内循环体内对存放阶乘的变量 n 赋初值，显示的结果是 1、2、3、4。

6. D

7. D   因为 n = 0 语句出现在外循环体中，外循环执行 5 次，每次都设置 0。

二、填空题

（1）33   根据循环次数计算公式得到。

（2）10   该题相当于统计两重循环执行了多少次。

（3）4   相当于统计外循环体执行多少次。

（4）12   相当于统计两重循环的内循环体执行多少次。

（5）Len(a)   解该题的思路是将字符串从两头往中间对应交换位置。

（6）Int(n \ 2)

（7）Mid(a, n–I + 1, 1)

（8）Mid(a, n–I + 1, 1)

（9）n Mod 3 = 1 And n Mod 5 = 1 And n Mod 7 = 1

（10）Until CountN = 5 或 While CountN < 5

（11）n Mod 3 = 2 And n Mod 4 =3 And n Mod 5 = 4 And n Mod 6 = 5 And n Mod 7 = 0

（12）Exit For

（13）min1 = mark   对最低分初始化。

（14）min1 = mark

（15）max1 = mark

（16）aver = aver + mark

（17）(aver – max1–min1) / 5   解该题的思路是，每输入一个分数，和最高分和最
低分比较，一旦小于最低分，当前输入的分数作为最低分；最高分计算的方法也如此。
初始化时假定第一个分数既是最高分又是最低分，然后进行其余分数的比较。

（18）Exit For　　　　　　　该 i 不是素数，退出本轮循环。

（19）p1 And p2　　　　　　前后相差 2 的两个数均为素数。

（20）p2　　　　　　　　　　为求下一对素数做准备。

（21）Len（str1）

（22）j

（23）sum

（24）str2

第 5 章
数组

5.1　知识要点

1. 数组的概念

（1）数组：用于存放一批性质相同的数据集合。数组必须先声明后使用，按声明时是否确定数组中元素的个数分为定长数组和动态数组，动态数组在运行时分配存储区域。

（2）数组元素：数组中的某一个数据项。数组元素的使用同简单变量的使用方法。

2. 定长数组的声明

在声明时已确定了数组元素个数的为定长数组，定长数组在编译时在内存中分配了存储区域，以后在使用时不能改变大小。

声明形式：

Dim 数组名（[下界 To]上界[，[下界 To]上界[，…]]）[As 类型]

此语句声明了数组名、数组维数、数组大小、数组类型（类型省略时，表示变体类型）。

注意：下界、上界必须为常数，不能为表达式或变量；省略下界时，默认为 0，也可用 Option Base 语句重新设置下界的值。

3. 动态数组的声明和重新定义

声明形式：Dim　数组名（）[As　类型]

仅声明了数组名，没有确定数组大小和维数。

重新定义：ReDim　[Preserve]数组名（[下界 To]上界[，[下界 To]上界[，…]]）

注意：此时的上界、下界可以是赋值的变量或表达式。若有 Preserve 关键字，表示当改变原有数组最末尾的大小时，使用此关键字可以保持数组中原来的数据。

4. 数组的操作

应掌握的数组基本操作有数组初始化、数组输入、数组输出、求数组中的最大（最小）元素及下标、求和、平均值、排序和查找等。

5. 数组有关函数

（1）LBound 和 UBound 函数，前者确定数组下界，后者确定数组上界。这两个函数非常有用，使得程序的通用性增强。

（2）Split 函数：将字符串按分隔符将各项数据分离到数组中。

（3）Join 函数：将数组中各元素按分隔符连接成一个字符串。

6. 列表框和组合框

列表框和组合框实质就是存放字符串数组的，以可视化形式直观地显示出来，通过提供的属性和方法可方便地对字符数组进行添加、删除、修改、选择、排序和查找。

两者的区别：组合框组合了文本框和列表框的特性。

常用的共同属性：List、Text、ListCount、ListIndex、Sorted 和 Style。

常用的共同方法：AddItem、RemoveItem 和 Clear。

列表框特有的属性：MultiSelect 和 Selected。表示可以选择列表框的多项内容和选中的项目。

注意：列表框和组合框都具有 Style 属性，但意义完全不同。列表框的 Style 属性值（0 和 1）表示其显示时项目前有无复选框标志；列表框的 Style 属性值（0、1 和 2）表示组合框的 3 种类型。

7. 自定义类型及其数组

与数组相同的是存放一组相互有关的数据，不同的是各数据元素的类型不同。因此，要引用自定义类型变量的某个元素时，不能用下标表示。

（1）定义结构类型

形式：

Type 自定义类型名

  元素名 1 As 数据类型名

   …

  元素名 n As 数据类型名

End Type

（2）声明自定义类型变量

定义了类型，内存没有分配存储单元，就如同系统仅定义了 Integer 等数据类型一样，必须声明该类型的变量。

形式：

Dim 自定义类型变量名 As 自定义类型名

（3）自定义类型变量元素的引用

形式：

自定义类型变量 . 元素

（4）自定义类型数组

数组中的每个元素是自定义类型的，这是最常用的。

5.2 实验 5 题解

1. 随机产生 10 个 30～100（包括 30、100）的正整数，求最大值、最小值、平均值，并显示整个数组的值和结果，如图 5.1 所示。

图 5.1 实验 5.1 运行界面

【实验目的】

掌握数组中数据的自动产生方法，对一组数求最大值、最小值、平均值的方法。

【分析】

求最大值和最小值的方法在循环结构一章已经学习，利用数组的下标和循环相结合，编程更方便。该题要注意的问题是任意的正整数，如果初始时最大值、最小值设为数组中第一个元素的值，这样对任意数的范围就会不受限制。

【程序】

程序代码如图 5.2 所示。

```
Command1                              ▼  Click                                  ▼
Private Sub Command1_Click()
        Dim mark(9) As Integer
        Dim i%, min%, max%, avg%
        For i = 0 To 9
          mark(i) = Int(Rnd() * 71 + 30)
        Next i
        avg = mark(0): min = mark(0): max = mark(0)
        Label1.Caption = ""
        For i = 1 To 9
            If mark(i) < min Then min = mark(i)
            If mark(i) > max Then max = mark(i)|
            avg = avg + mark(i)
        Next i
        avg = avg / 10
        For i = 0 To 9
            Label1.Caption = Label1.Caption & mark(i) & " "
        Next i
        Label1.Caption = Label1.Caption & mark(9) & vbCrLf
        Label1.Caption = Label1.Caption & "min=" & min & " " & "max=" & max & " " & "avg=" & avg
End Sub
```

图 5.2　程序代码窗口

2. 略。

3. 随机产生 20 个学生的成绩，统计各分数段人数，即 0~59、60~69、70~79、80~89、90~100，并显示结果。产生的数据在 Picture1 中显示，统计结果在 Picture2 中显示，运行效果如图 5.3 所示。

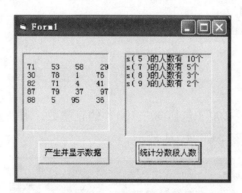

图 5.3　实验 5.3 运行效果

【实验目的】

这是统计的问题。掌握利用存放统计结果的数组中元素下标与要统计的数组元素之间的关系；显示数组下标和对应数据。

【分析】

见主教材实验篇中对应题目处的分析。

【程序】

程序代码如图 5.4 所示。

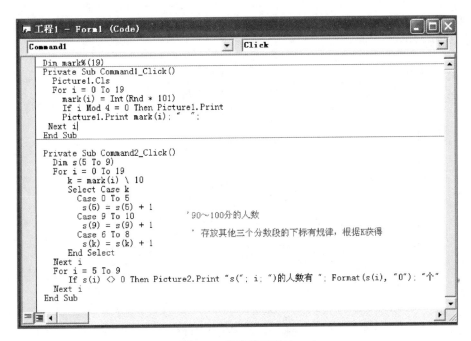

图 5.4   程序代码窗口

4. 略。

5. 输入整数 n，显示出具有 n 行的杨辉三角形。一个具有 8 行的杨辉三角形运行结果如图 5.5（a）所示。

【实验目的】

掌握二维数组中下标之间的关系，以及二维数组的显示。

【分析】

（1）定义一个二维数组，其中上三角各元素均为 0，对下三角各元素进行设置：第一列及对角线上均为 1，其余每一个元素正好等于它上面一行的同一列和前一列的两个元素之和，即 $a(i,j) = a(i-1,j-1) + a(i-1,j)$。

（2）利用 Space(n) 函数确定每行显示的起始位；利用 Space-Len（数组元素）确定每个元素的宽度；利用两重循环显示下三角各元素。

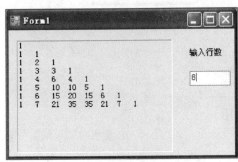

(a) 下三角形式的杨辉三角形

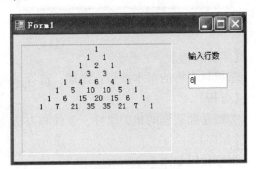

(b) 等腰形式的杨辉三角形

图 5.5   杨辉三角形运行效果

【程序】

程序代码如图 5.6 所示。

```
Text1                              ▼  KeyPress                          ▼

Private Sub Text1_KeyPress(KeyAscii As Integer)
    Dim n%, j%, i%
    Dim a(20, 20) As Integer
    If KeyAscii = 13 Then
        Picture1.Cls
        n = Val(Text1.Text)
        For i = 1 To n
            a(i, 1) = 1
            a(i, i) = 1
        Next i
        For i = 3 To n
            For j = 2 To i - 1
                a(i, j) = a(i - 1, j - 1) + a(i - 1, j)
            Next
        Next
        For i = 1 To n
            For j = 1 To i
                Picture1.Print a(i, j) & Space(5 - Len(Trim(a(i, j))));
            Next
            Picture1.Print
        Next
    End If
End Sub
```

图 5.6　程序代码窗口

思考：若要显示如图 5.5（b）所示的形式，程序要如何修改？

6．略。

7．设计一个选课的运行界面如图 5.7 所示。它包含两个列表框，左边为已开设的课程名称，通过 Form_Load 事件加入，并按拼音字母排序。当单击某课程名称后，将该课程加入到右边列表框中，并删除左边列表中的该课程。当右边课程数超过 5 门时不允许再加入，提示信息如图 5.8 所示。

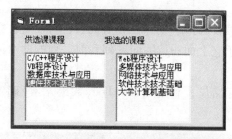

图 5.7　实验 5.7 选课运行界面

图 5.8　超过 5 门课程的提示信息

【实验目的】

掌握列表框的基本操作：添加、选择某项、删除等。

【分析】

关键是列表框的相关属性、事件和方法的使用。

【程序】

程序代码如图 5.9 所示。

8．略。

9．在列表框中显示窗体上可用的汉字开头的字体名称，当单击列表框某个字体，在图片框中用 Print 方法显示该名称对应的字体样式，程序运行效果如图 5.10 所示。

图 5.9 程序代码窗口

【实验目的】

掌握列表框和屏幕字体的使用方法。

【分析】

（1）系统支持的屏幕字体通过 FontFamily 类的 Families 字符数组获得，数组元素个数由数组的 Length 属性获得。

（2）要显示汉字字体名称，汉字的机内码最高位为 1，若利用 Asc 函数，求其码值小于 0（数据以补码表示），关键是相关属性和方法的使用。

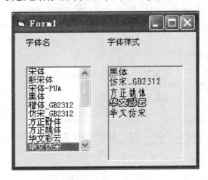

图 5.10 运行效果

【程序】

程序代码如图 5.11 所示。

10. 自定义类型数组的应用。

要求：

（1）自定义一个职工数据类型，包含工号、姓名、工资 3 项内容。在通用声明段声明一个职工类型的数组，可存放 5 个职工。

（2）在窗体中设计 3 个标签、3 个文本框、两个命令按钮和 1 个图形框，在文本框中分别输入工号、姓名、工资。

（3）添加：对文本框输入的内容添加到数组中。

（4）排序：将数组按职工工资递减的顺序排序，并在图形框中显示。程序运行界面如图 5.12 所示。

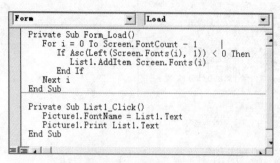

图 5.11   程序代码窗口

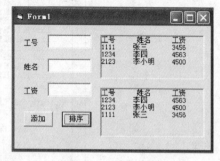

图 5.12   运行界面

【实验目的】

掌握自定义类型数组的声明、输入、排序、输出等方法。

【分析】

（1）在通用声明段自定义职工结构类型和声明职工结构类型数组。

（2）为在两个事件过程中使用结构数组、当前元素下标和总有效元素变量，必须在过程外声明这些变量。

（3）结构数组的大小由 Form1_Load 事件过程通过输入确定。

【程序】

程序代码如图 5.13 所示。

```
Private Type wtype
    number As String
    name As String
    salary As Single
End Type
Dim a() As wtype, i As Integer, n As Integer
Private Sub Form_Load()
    n = InputBox("输入人数")
    ReDim a(n)
    i = 0
End Sub
Private Sub Command1_Click()
    i = i + 1
    If i > n Then MsgBox ("输入人数超过数组声明的个数"): Exit Sub
    If i = 1 Then Picture1.Print "工号      姓名      工资"
    With a(i)
        .number = Text1.Text
        .name = Trim(Text2.Text)
        .salary = Val(Text3.Text)
        Picture1.Print .number; Tab(10); .name; Tab(20); .salary
    End With
    Text1.Text = ""
    Text2.Text = ""
    Text3.Text = ""
End Sub
Private Sub Command2_Click()
    Dim t As wtype, k%, j%
    Picture2.Print "工号      姓名      工资"
    If i > n Then i = n
    For j = 1 To i - 1
        For k = j + 1 To i
            If a(k).salary > a(k - 1).salary Then
                t = a(k)
                a(k) = a(k - 1)
                a(k - 1) = t
            End If
        Next k
    Next j
    For j = 1 To i
        Picture2.Print a(j).number; Tab(10); a(j).name; Tab(20); a(j).salary
    Next j
End Sub
```

图 5.13   程序代码窗口

5.3 习题解答

主教材第 5 章习题。

1. 在 VB 中，数组的下界默认为 0，可以自己定义成 1 吗?

解答：可以自定义，利用 Option Base 1 语句。

2. 要分配存放 12 个元素的整型数组，下列数组声明（下界若无，按默认规定）哪些符合要求?

    （1）n=12

        Dim a(1 To n) As Integer

    （2）Dim a%( )

        n=11

        ReDim a(n)

    （3）Dim a%[2,3]

    （4）Dim a(1,1,2) As Integer

    （5）Dim a%(10)

        ReDim a(1 To 12)

    （6）Dim a!( )

        ReDim a(3,2) As Integer

    （7）Dim a%(2,3)

    （8）Dim a(1 to 3 1 to 4) As Integer

解答：（2），（4），（7），（8）符合要求。

3. 程序运行时显示"下标越界"可能产生的错误有哪几种情况? 在访问数组中的元素时，如何防止出现此类错误?

解答：下标比下界小或者比上界大。防止出错的方法是利用 LBound 和 UBound 函数。

4. 某学校有 10 栋宿舍，每栋 6 层，每层 40 个房间。为方便管理宿舍，唯一地表示某房间，用几维数组? 如何声明?

解答：用三维数组，声明如下：

```
Option Base 1
Dim   room(10,6,40)
```

5. 已知下面的数组声明，写出它的数组名、数组类型、维数、各维的上下界、数组的大小，并按行的顺序列出各元素。

```
Dim a(-1 To 2,3) As Single
```

解答：数组名为 a，数组类型为单精度、二维，各维的下界分别为-1 和 0，上界分别为 2 和 3，数组的大小 4×4 共 16 个元素，各元素排列顺序见表 5.1。

a(-1,0)	a(-1,1)	a(-1,2)	a(-1,3)
a(0,0)	a(0,1)	a(0,2)	a(0,3)
a(1,0)	a(1,1)	a(1,2)	a(1,3)
a(2,0)	a(2,1)	a(2,2)	a(2,3)

◀表 5.1
数组排列

6. 声明一个一维字符类型数组，有 20 个元素，每个元素最多放 10 个字符，要求：

（1）由随机数形成小写字母构成的数组，每个元素的字符个数由随机数产生，范围 1~10。

解答：本题较简单，主要是利用随机数产生长度不超过 11 个字符的字符串。

```
Private Sub Command1_Click( )
    Dim st(1 To 20) As String, c As String * 1
    Dim i%, n%
    For i = 1 To 20
        n = Int(Rnd * 11 + 1)
        For j = 1 To n
            c = Chr(Int(Rnd * 26 + 97))
            st(i) = st(i) & c
        Next j
        Print st(i)
    Next i
End Sub
```

（2）要求将生成的数组分 4 行显示，运行效果如图 5.14 所示。

解答：分 4 行显示，则每行 5 个元素，可利用 Mod 取余运算符实现，同时要考虑到每个字符元素的长度不等，增加空格，以便对齐。假定字符数组已形成，则输出程序段如下：

```
For i = 1 To 20
    Print st(i); Space(15 - Len(st(i)));
    If i Mod 5 = 0 Then Print
Next i
```

图 5.14　运行效果

（3）显示生成的字符数组中字符最多的元素。

解答：该题就是求最长的数组元素，程序段如下：

```
maxlen = 0
maxstr = ""
For i = 1 To 20
    If Len(st(i)) > maxlen Then
        maxlen = Len(st(i))
        maxstr = st(i)
    End If
Next i
Print maxlen, maxstr
```

7. 简述列表框和组合框的异同处。

解答：相同处是都可存放字符串；不同处是，组合框是文本框和列表框的组合，可以输入内容，但要通过 AddItem 方法添加；列表框只能选择项目，不能直接输入内容。

8. 表示列表框或组合框中选中的项目、总项目数的属性分别是什么？

解答：表示选中的内容的属性有 Text；总项目数的属性为 ListCounts。

9. 简述自定义类型与自定义变量的区别。

解答：前者仅定义了类型，如同系统提供的 Integer、String 等基本类型；后者系统为其分配了存储单元。

5.4 常见错误和难点分析

1. 数组声明和数组元素的显示问题

如下程序段随机产生 10 个数，并显示该 10 个数：

```
Dim a( ) , i%
For i = 0 To 9
        a(i) = int(Rnd * 101)
Next   i
Label1. Caption = Label1. Caption   & a(i) & " "
```

检查有几处错误？错误原因是什么？如何改正？

有两处错误，错误解释如图 5.15 所示。

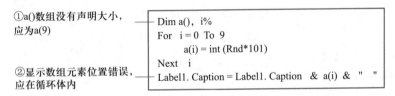

①a()数组没有声明大小，应为a(9)

②显示数组元素位置错误，应在循环体内

```
Dim a(),  i%
For  i = 0 To 9
        a(i) = int (Rnd*101)
Next   i
Label1. Caption = Label1. Caption  & a(i) &  "  "
```

图 5.15   数组声明和数组元素显示问题示例

2. 访问数组元素越界问题

形成有 10 个元素的斐波那契数列，即 1，1，2，3，5，8，13，21，34，55。程序段如下：

```
Dim i% , a%( 1 To 10)
a( 1 ) = 1 : a( 2 ) = 1
For i = 1 To 10
        a( i + 2) = a( i) + a( i + 1)
Next
```

有几处错误？错误原因是什么？如何改正？

有 1 处错误，是下标越界，如图 5.16 所示。

下标越界，当i>8时，
a(i+2)的数组元素为a(11)、a(12)

```
Dim i%,  a% (1 To  10)
a (1) = 1 : a (2) = 1
For i = 1 To  10
        a (i + 2) = a (i) +  a (i + 1)
Next
```

图 5.16   访问数组元素越界问题示例

有如下改错的方法：

修改循环语句的初值和终值，For i = 1 To 8。

3. 数组声明如何解决通用性问题

有时用户为了程序的通用性，声明数组的上界用变量来表示，如下程序段：

```
n = InputBox("输入数组的上界")
Dim a(1 To n) As Integer
```

程序运行时将在 Dim 语句处显示"要求常数表达式"的出错信息。即 Dim 语句中声明的数组上、下界必须是常数，不能是变量。

解决程序通用的问题，一是将数组声明得很大，这样浪费一些存储空间；二是利用动态数组，上例可改为

```
Dim a( ) As Integer
n = InputBox("输入数组的上界")
ReDim a(1 To n) As Integer
```

4. 数组维数错

数组声明时的维数与引用数组元素时的维数不一致。例如，以下程序段为形成和显示 3×5 的矩阵：

$$\begin{pmatrix} 1 & 2 & 3 & 4 & 5 \\ 6 & 7 & 8 & 9 & 10 \\ 11 & 12 & 13 & 14 & 15 \end{pmatrix}$$

```
Dim a(3, 5) As Long
  For i = 1 To 3
    For j = 1 To 5
      a(i) = i * j
      Print a(i); " ";
    Next j
    Print
  Next i
```

程序运行到 a(i) = i * j 语句时，出现"维数错误"的信息，因为在 Dim 声明时是二维数组，而引用时却是一个下标。

5. Array 函数使用问题

Array 函数可方便地对数组整体赋值，但此时只能声明 Variant 的变量或仅由括号括起的动态数组。赋值后的数组大小由赋值的个数决定。

例如，要将 1，2，3，4，5，6，7 这些值赋值给数组 a，表 5.2 列出了 3 种错误及相应正确的赋值方法。

▶表 5.2
Array 函数表示方法

错误的 Array 函数赋值	改正的 Array 函数赋值
Dim a(1 To 8) a = Array(1,2,3,4,5,6,7)	Dim a( ) a = Array(1,2,3,4,5,6,7)
Dim a As Integer a = Array(1,2,3,4,5,6,7)	Dim a a = Array(1,2,3,4,5,6,7)
Dim a a( ) = Array(1,2,3,4,5,6,7)	Dim a a = Array(1,2,3,4,5,6,7)

6. 如何获得数组的上界、下界

Array 函数可方便地对数组整体赋值，但在程序中如何获得数组的上界、下界，以保证访问的数组元素在合法的范围内，可使用 UBound 和 LBound 函数。

在上例中，若要打印 a 数组的各个值，可通过下面程序段实现：

```
For i = LBound(a) To UBound(a)
    Print a(i)
Next i
```

对于多维数组，要获得指定维的上界、下界，只要增加一个参数即可，例如

```
Dim a(3, 5, 4) As Integer      '声明了三维数组
i = UBound(a)                  '获得第1维数组的上界,值为3,默认为第1维
i1 = UBound(a, 1)              '获得第1维数组的上界,值为3
j = UBound(a, 2)              '获得第2维数组的上界,值为5
k = LBound(a, 3)              '获得第3维数组的下界,值为0
```

7. 自定义类型与数组

自定义类型与数组的区别：数组是存放一批类型相同的数据集合，通过声明上界、下界的值决定了数组的大小，通过下标引用数组中各个元素；自定义类型是一组相关数据的集合，在定义自定义类型时必须逐一声明自定义类型中的每一个元素，各元素类型可以各不相同，通过指定元素名来引用自定义类型中的某个元素。

自定义类型数组常用于存放一组有关的信息集合，例如若干个学生的基本情况等。

8. 列表框和组合框的 Style 属性的作用各有什么特点

列表框的 Style 属性值为 0 和 1，表示列表框的项目前有无复选框形式，如图 5.17 所示。

组合框的 Style 属性值为 0、1 和 2，分别表示下拉式组合框、简单组合框和下拉式列表框，如图 5.18 所示，前两种类型组合了文本框和列表框的功能，可以输入内容；后一种仅是列表框的下拉形式显示，不能输入内容。

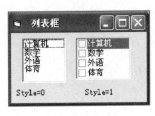

图 5.17　列表框

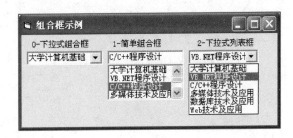

图 5.18　组合框

9. 列表框组合共同具有的 Text 和 ListIndex 属性的区别

Text 属性只能表示选中的项目内容，不能改变；ListIndex 表示选中项目的下标，通过如下语句可以用"新值"改变项目原内容：

```
List1. List(List1. ListIndex) = 新值
ComBox1. List(ComBox1. ListIndex) = 新值
```

若

List1. Text＝新值

ComBox1. Text＝新值

则是没有效果的。

5.5　测试题

一、选择题

1. 如下数组声明语句中，_____是正确的。

（A）Dim a［3，4］As Integer

（B）Dim a(3，4) As Integer

（C）Dim a(n，n) As Integer

（D）Dim a(3　4) As Integer

2. 要分配存放如下方阵数据的存储空间，_____数组声明语句能实现（不能浪费空间）。

$$\begin{pmatrix} 1.1 & 2.2 & 3.3 \\ 4.4 & 5.5 & 6.6 \\ 7.7 & 8.8 & 9.9 \end{pmatrix}$$

（A）Dim a(9) As Single

（B）Dim a(3，3) As Single

（C）Dim a(−1 To 1，−5 To −3) As Single

（D）Dim a(−3 To −1，5 To 7) As Integer

3. 有如下数组声明语句，数组 a 包含元素的个数有_____。

Dim　a(3，−2 to 2,5)

（A）120　　　　（B）75　　　　（C）60　　　　（D）13

4. 以下程序输出的结果是_____。

```
Dim a
a = Array(1, 2, 3, 4, 5, 6, 7)
For i = LBound (a) To UBound (a)
    a(i) = a(i) * a(i)
Next i
Print a(i)
```

（A）49　　　　　　（B）0　　　　　（C）不确定　　　　（D）程序出错

5. 下列语句中（假定变量 n 有值），正确声明可调数组的是_____。

（A）Dim a( ) As Integer　　　　　（B）Dim a( ) As Integer

ReDim a(n)　　　　　　　　　　　ReDim a(n) As String

（C）Dim a( ) As Integer　　　　　（D）Dim a(10) As Integer

ReDim a(3,4)　　　　　　　　　　ReDim a(n+10)

ReDim Preserve a(4,4)

6. 以下在窗体的通用声明段自定义了数据类型 Students，_____定义方式是正确的。

（A）Private Type Students
    Name As String * 10
    Studno As Integer
End Type

（B）Type Students
    Name As String * 10
    Studno As Integer
End Students

（C）Type Students
    Name String * 10
    Studno Integer
End Type

（D）Type Students
    Name As String * 10
    Studno As Integer
End Type

7. 以下程序输出的结果是_____。

```
Option Base 1
Private Sub Command1_Click()
  Dim a, b(3, 3)
  a = Array(1, 2, 3, 4, 5, 6, 7, 8, 9)
  For i = 1 To 3
    For j = 1 To 3
      b(i, j) = a(i * j)
      If (j >= i) Then Print Tab(j * 3); Format(b(i, j), "###");
    Next j
    Print
  Next i
End Sub
```

（A）1 2 3
    4 5 6
    7 8 9

（B）1
    4 5
    7 8 9

（C）1 4 7
    2 4 6
    3 6 9

（D）1 2 3
    4 6
    9

8. 下列说法中，正确的是_____。
（A）框架也有 Click 和 DblClick 事件
（B）在程序运行期间可以通过适当设置将定时器控件显示在窗体上
（C）单击某个单选按钮，则其 Value 值一定发生改变
（D）在列表框中能自动将项目按字母顺序从大到小排列

9. 定时器的重要事件是_____。
（A）Click （B）ValueChanged
（C）Timer （D）TextChanged

10. 对于正在使用的数组 x(n)，要增加两个数组元素，又要保留原来数组中的值，以下语句中正确的写法是_____。
（A）Dim x(n+2) （B）ReDim x(n+2)
（C）Dim Preserve x(n+2) （D）ReDim Preserve x(n+2)

二、填空题

1. 在一维数组中利用移位的方法显示如图 5.19 所示的结果。

```
Private Sub Form_Click()
  Dim a(1 To 7)
```

```
        For i = 1 To 7
            a(i) = i:  Print a(i);
        Next i
        Print
        For i = 1 To 7
            t = ____(1)____              '最右 1 位暂存
            For j = 6 To 1 Step-1
                ____(2)____              '其余 6 个向右移 1 位
            Next j
            ____(3)____                  '暂存的移入最左
            For j = 1 To 7
                Print a(j);
            Next j
            Print
        Next i
```

图 5.19　运行结果

2. 已知数组 a( )，删除数组元素中的某个值。

```
        Private Sub Command1_Click( )
        Dim a( ) As Integer = {1, 6, 8, 3, 5, 9, 10, 2, 7, 4}, Key%, i%, j%
        Key = Val(InputBox("输入要删除的值"))
        For i = 0 To UBound(a)
            If____(4)____ Then
                For j = i + 1 To UBound(a)
                    ____(5)____
                Next j
                ReDim ____(6)____
                MsgBox("删除完成")
                Exit Sub
            End If
        Next i
        MsgBox("找不到要删除的元素")
        End Sub
```

3. 下面的程序是将输入的一个数插入到递减的有序数列中，插入后使该序列仍有序。

```
        Private Sub Form_Click( )
        Dim a,i%,n%,m%
```

```
a = Array(19, 17, 15, 13, 11, 9, 7, 5, 3, 1)
n = UBound(a)
ReDim        (7)
m = Val(InputBox("输入欲插入的数"))
For i = UBound(a)-1 To   0    Step -1
    If m >= a(i) Then
          (8)
        If i = 0 Then a(i) = m
    Else
          (9)
        Exit For
    End If
Next i
For i = 0 To UBound(a)
   Print a(i)
Next i
End Sub
```

4. 下列程序在 1 000~9 999 查找满足如下条件的整数: 该整数逆向排列得到的另一个 4 位数是它自身的倍数 (2 以上的整数倍)。查找结果和逆向排列数分别显示在对应的列表框中, 如图 5.20 所示。

图 5.20　运行界面

```
Private Sub Command1_Click()
    Dim n As Integer
    Dim m As Integer
    Dim i As Integer
        For i = 1000 To 9999
            m = 0
             (10)
            Do While n > 0
                m =     (11)     + n Mod 10
                n = n \ 10
            Loop
            If     (12)     And m \ i > 1 Then
                List1. AddItem i
```

```
            List2. AddItem _____(13)_____
        End If
    Next i
End Sub
```

5. 下列程序完成的功能是：随机产生 $n(10\sim30)$ 个大写字母，并显示。将这 n 个字母按产生的顺序逆时针排列成一个圆环，按顺时针方向统计相邻两个字母满足升序的次数（如图 5.21）。输出符合条件的每对字符和统计结果。

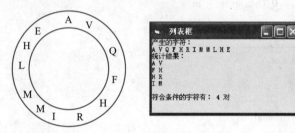

图 5.21　示意图和运行界面

```
Private Sub Form_Click( )
    Dim a( ) As String, count As Integer, i As Integer, n As Integer
    Randomize
    Form1. Cls
    n = Int( Rnd * 20) + 10
        _____(14)_____
    Cls
    Print "产生的字符:"
    For i = 1 To n
        s = _____(15)_____
        a( i ) = s
        Print s; " ";
    Next i
    Print
    Print "统计结果:"
    count = 0
    For i = 2 To n
        If _____(16)_____ Then
            count = count + 1
            Print a( i - 1 ); " "; a( i )
        End If
    Next i
    If_____(17)_____ Then
        count = count + 1
        Print a( 1 ); " "; a( n )
    End If
    Print
```

```
        Print "符合条件的字符有:";        (18)
    End Sub
```

6. 本程序随机产生 N(15)个 A~J 的大写字母，按字母降序排序后，将连续出现的字母用压缩形式显示。例如，连续 5 个 H 字母显示为 5 * H，如图 5.22 所示。数组 a( )用于存放随机产生的字母。

图 5.22　运行界面

```
Private Sub Command1_Click( )
    Const N = 15
    Dim a( 1 To N) As String * 1, c
    Dim count%, i%, j%, k%
    For i = 1 To N
        a(i) = Chr( Int(        (19)        ))
        Print a(i);
    Next i
    Print
    For i = 1 To N - 1                      '选择法排序
      k = i
      For j =     (20)
          If a(j) > a(k) Then     (21)
      Next j
      c = a(i)：  a(i) = a(k)：   a(k) = c
    Next i
    For i = 1 To N                          '输出排序结果
        Print a(i); " ";
    Next i
    Print
    i = 1
    Do While i <= N                         '压缩显示相同元素
        count = 1
        If i < N Then j = i + 1
        Do While a(i) = a(j)
          count =     (22)
          If j < N Then j = j+ 1 Else Exit Do
        Loop
        If count = 1 Then Print a(i); "   "; Else Print count; " * "; a(i); "    ";
        i =     (23)
    Loop
End Sub
```

5.6　测试题参考答案

一、选择题

1. B　　A 不应出现方括号；C 下标不能出现变量；D 下标之间少逗号。

2. C　　A 是一维数组；B 数组可存放 4 行 4 列的方阵，浪费了存储空间；D 声明的是 3 行 3 列的整型数组，不能存放题目中要求的实数。

3. A　　每一维的大小=(上界−下界)+1，多维数组的大小等于各维的乘积。所以，该题是三维数组，每一维大小分别为 4、5、6。

4. D　　因为出了循环后，循环控制变量 i 的值比数组上界 UBound(a) 大 1，超出数组的上界范围，因此显示"下标越界"的出错信息。

5. A　　B 错误在第 2 条语句中重新定义数组大小的同时又改变了原声明的类型；C 错误原因是第 3 条语句 Preserve 在保留原数组的值时，只能改变最后维大小；D 错误原因是第 1 句是定长数组的声明，不能再用第 2 句重新定义数组大小。

6. A　　该题要点掌握自定义类型的定义规则。B 错误在于 End 后应该以 Type 关键字结束；C 元素后面少 As 关键字；D 在通用声明段的自定义类型必须是 Private。

7. D　　该题有 3 个要点：一是通过 Array 函数对数组赋初值；二是将一维数组赋值给二维数组；三是打印上三角方阵。

8. A　　定时器控件不可能在窗体上显示；若单选按钮已经选择，再单击不会发生 Value 值的改变；列表框中的 Sorted 属性即使设置值为 True，也不能自动将项目按字母顺序从大到小排列，只能按递增顺序排列。

9. C　　定时器仅有 Timer 事件。

10. D

二、填空题

(1) a(7)　　　　　　　　　最后元素移出。

(2) a(j + 1) = a(j)　　　　每个元素往右移，最左位置留出。

(3) a(1) = t

(4) Key = a(i)　　　　　　比较是否是要删除的数据。

(5) a(j−1) = a(j)　　　　　找到后，以后的每一项朝前移动，实现删除。

(6) Preserve a(UBound(a) − 1)　使数组元素减少一个，而又要保留原来的数据。

(7) Preserve a(n + 1)　　　插入一个数，先要使数组加一个元素，而且要保留原数据。

(8) a(i + 1) = a(i)　　　　找插入的位置。

(9) a(i + 1) = m　　　　　新数据找到插入位置，并插入到数组中。

(10) n=i

(11) m * 10

(12) m Mod i = 0

（13）m & " = " & i & " * " & m \ i

（14）ReDim a(n)

（15）Chr(Int(Rnd * 26) + 65)　　　　产生大写字母。

（16）a(i) >a(i−1)

（17）a(1) > a(n)

（18）count；"对"

（19）Rnd * 10 + 65　　　　产生 65~74 的数值，也就是 A~J 的
　　　　　　　　　　　　　ASCII 码值。

（20）i + 1 To N

（21）k = j

（22）count + 1　　　　相同的字母计数。

（23）i + count

第 6 章
过程

6.1　知识要点

1. 过程的概念

VB 的程序是由一个个过程构成的，除了系统提供了大量使用的内部函数过程和事件过程外，还允许用户根据各自需要自定义过程。使用过程的好处是，程序简练、高效，便于程序的调试和维护。本节涉及的过程主要指的是用户自定义的子过程和函数过程。

2. 两类过程的形式与调用

（1）子过程

形式：Sub <子过程名>（［形参表］）

　　　　…

　　　　End Sub

特点：子过程名无值，无类型。

调用形式：Call <子过程名>［（实参表）］

　　　　或<子过程名> ［（实参表）］

特点：是一条独立的语句。

（2）函数过程

形式：Function <函数过程名>（［形参表］）

　　　　　…

　　　　　<函数过程名> = <表达式>

　　　　　…

　　　　End Sub

特点：函数过程名有值、有类型，在过程体内至少赋值一次。

调用形式：<函数过程名>（［实参表］）

特点：不是一条独立的语句，一般通过函数名获得值参与表达式的运算。

3. 参数传递

（1）传值方式

传值方式是形参前加 ByVal 关键字，是将实参的具体值传递给形参，形参和实参分配不同的内存单元。这种传递方式是一种单向的数据传递，即调用时只能由实参将值传递给形参；调用结束不能由形参将操作结果返回给实参。

形参只能是基本类型的变量，不能是定长的字符串、数组、自定义类型、对象；实参可以是同类型的常数、变量、数组元素或表达式。

（2）传地址方式

传地址方式（ByRef 关键字可省）是将实参在内存的地址传递给形参，也就是实参、形参共用内存的"地址"。这种传递方式是一种双向的数据传递，即调用时实参将值传递给形参；调用结束由形参将操作结果返回给实参。

形参可以是变量、仅带圆括号的数组名，不能是定长的字符串、数组元素；实参可以是同类型的常数、变量、数组元素或表达式、仅带圆括号的数组名。当实参要得到返回的结果时，实参只能是变量，不能是常数或表达式。

在过程中具体用传值还是传地址，主要考虑的因素是：若要从过程调用中通过形参返回结果，则要用传地址方式；否则应使用传值方式，减少过程间的相互关联，便于程序的调试。数组、记录类型变量、对象变量只能用地址传递方式。

在 VB 中，默认是传地址方式。

4. 变量的作用域

（1）全局变量：Public 关键字开头的变量为全局变量，在整个应用程序中都有效。

（2）窗体、模块级变量：在通用声明段用 Dim 或 Private 关键字声明的变量，在该窗体或模块内有效。

（3）局部变量：在过程中声明的变量，在该过程调用时分配内存空间并初始化，过程调用结束，回收分配的空间。

（4）静态变量：局部变量声明前加 Static 关键字，在程序运行的过程中始终保留值。

5. 过程的递归调用

在调用一个子过程或函数过程中又调用自己，称为递归调用，这样的子过程或函数过程称为递归子过程或递归函数，统称为递归过程。

构成递归过程的条件：递归结束条件及结束时的值；能用递归形式表示，并且递归向终止条件发展。

6. 常用算法

对数值计算方面要求掌握求最大值（最小值）及下标位置、求和、求平均值、求最大公约数、求最小公倍数、求素数、数制转换、高次方程求根（迭代法、二分法）。

非数值计算要求掌握常用字符串处理函数、排序（选择法、冒泡法、插入法、合并排序）、查找（顺序、二分法）。

6.2 实验 6 题解

1. 参见主教材教学篇例 6.2，编写一个求两数 m、n 最大公约数的函数过程 $f(m,n)$。主调程序在两个文本框中输入数据，单击"显示"按钮，调用 $f(m,n)$，在右边标签框中显示结果，如图 6.1 所示。

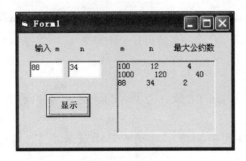

图 6.1 运行界面

【实验目的】
掌握函数过程的定义和调用。

【分析】

该题求两数最大公约数的算法没有难度，在第4章中就解决了。问题是函数过程的定义中参数个数、传值，还是传地址的确定。本题的形参应是两个，是要求最大公约数的两个数，通过主调程序获得两个数的值，所以应该是值传递；函数名是求得的最大公约数。

【程序】

程序代码如图6.2所示。

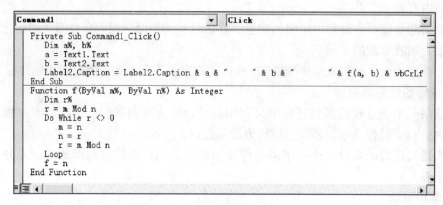

图6.2 程序代码窗口

2. 略。

3. 编写一个子过程 min(a( ) , amin%)，求一维数组 a 中的最小值 amin。

主调程序随机产生 10 个 -400 ~ -300 的数，显示数组中各个元素；调用 min 子过程，显示出数组中的最小值，如图6.3所示。

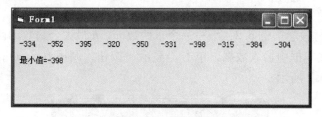

图6.3 运行结果

【实验目的】

掌握子过程的定义，形参的个数、类型等的确定；学会调用子过程。

【分析】

该题求最小值的算法没有难度，在第 5 章中就解决了。问题是子过程的定义中参数个数、传值，还是传地址的确定。本题的形参应是两个，一个是数组，是引用类型；另一个是求得的数组的最小值，要返回给调用过程；所以它们都应该是传地址方式。

【程序】

程序代码如图6.4所示。

```
Form ▾    Click ▾
Private Sub Form_Click()
    Dim a(9) As Integer, i%, n%
    Randomize
    Label1.Caption = ""
    For i = 0 To 9
        a(i) = -Int(Rnd() * 101 + 300)
        Label1.Caption = Label1.Caption & a(i) & "    "
    Next
    Call min(a, n)
    Label1.Caption = Label1.Caption & vbCrLf & "最小值=" & n
End Sub

 Sub min(ByRef a() As Integer, ByRef amin%)
        Dim i%
        amin = a(0)
        For i = 1 To UBound(a)
            If a(i) < amin Then
                amin = a(i)
            End If
        Next
 End Sub
```

图 6.4　程序代码窗口

思考：若将上面 min 过程的 amin 形参由地址传递（ByRef）改为值传递（ByVal），调用后的效果如何？应该用何种形式传递才能得到正确的结果？

4. 略。

5. 编写一个函数过程 IsH(n)，对于已知正整数 n，判断该数是否是回文数，函数的返回值类型为布尔型。主调程序每输入一个数，调用 IsH 函数过程，然后在图形框中显示输入的数，对于是回文数显示一个"★"，如图 6.5 所示。

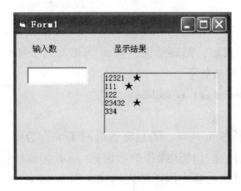

图 6.5　回文数程序运行界面

【实验目的】

掌握函数过程的定义，形参的个数、类型等的确定；学会调用函数过程。

【分析】

（1）所谓回文数是指顺读与倒读数字相同，即最高位与最低位相同，次高位与次低位相同，依此类推。当只有一位数时，也认为是回文数。

（2）回文数的求法，只要对输入的数（按字符串类型处理），利用 Mid 函数从两边往中间比较，若不相同，就不是回文数。

【程序】

程序代码如图 6.6 所示。

```
Text1                              ▼  KeyPress                      ▼
    Function IsH(ByVal n$) As Boolean
        Dim i%
        IsH = True
        For i = 1 To Len(Trim(n)) \ 2
            If Mid(n, i, 1) <> Mid(n, Len(Trim(n)) - i + 1, 1) Then
                IsH = False
            End If
        Next
    End Function
Private Sub Text1_KeyPress(KeyAscii As Integer)
    If KeyAscii = 13 Then
        If IsH(Text1.Text) Then
            Label2.Caption = Label2.Caption & Text1.Text & "  ★  " & vbCrLf
        Else
            Label2.Caption = Label2.Caption & Text1.Text & vbCrLf
        End If
        Text1.Text = ""
    End If
End Sub
```

图 6.6　回文数程序代码窗口

6. 略。

7. 如果一个整数的所有因子（包括 1，但不包括本身）之和与该数相等，则称这个数为完数。例如 6＝1+2+3，所以 6 是一个完数。编写一个函数 IsWs(m) 判断 m 是否为完数，函数的返回值是逻辑型。主调程序在列表框中显示 1 000 以内的完数，如图 6.7 所示。

【实验目的】

掌握函数过程的定义，形参的个数、类型等的确定；学会调用函数过程。

【分析】

（1）判断一个数 m 是否是完数，算法思想是：将 m 依次除以 $1 \sim m/2$，如果能整除，就是 m 的一个因子，进行累加；循环结束，若 m 与累加因子和相等，m 就是完数。

（2）本例中的函数过程头如下：

   Function IsWs(m, ByRef s$) As Boolean

其中

函数名 IsWs 表示对形参 m 判断，若是完数返回 True；否则为 False。

两个形参，前者为值传递（传送操作的数值），后者为地址传递（传送返回的各因子表达式），形参 s 是保留每次运算中因子的表达式，当 m 是完数，在主调程序中可以显示该表达式。

思考：若将 ByRef s$地址传递改为 ByVal s$，能否获得因子表达式？

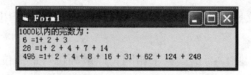

图 6.7　完数运行结果

【程序】

程序代码如图 6.8 所示。

8. 略。

```
Form                    ▼   Click                        ▼
    Private Sub Form_Click()
      Dim i%, j%, s1$
      Print "1000以内的完数为: "
      For i = 1 To 1000
        If IsWs(i, s1) Then
          Print i; "=1"; s1
        End If
      Next i
    End Sub
    Function IsWs(m, ByRef s$) As Boolean        '
      Dim sum%
      sum = 0
      s = ""
      For i = 1 To m \ 2
        If m Mod i = 0 Then
          sum = sum + i
          s = s & i & "+"
        End If
      Next i
      If m = sum Then IsWs = True Else IsWs = False
    End Function
```

图 6.8   完数程序代码窗口

9. 编写一个子过程 Max(s,MaxWord)，在已知的字符串 s 中，找出最长的单词 Max-Word。假定字符串 s 内只含有字母和空格，空格分隔不同的单词。程序运行界面如图 6.9 所示。

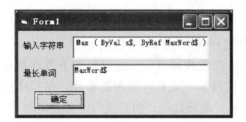

图 6.9   求最长单词运行界面

【实验目的】

掌握字符串子过程的常用操作。

【分析】

（1）因为单词间是以空格为分隔符，所以通过找到空格，利用 Mid 函数分离出空格前的一个单词，然后与存放最长单词的变量相比较，若当前单词长，则取代。

    找空格：i=InStr(s," ")   'i 返回空格的位置
    分离单词：Mid(s,1,i-1)   '取空格前的一个单词

（2）取字符串 s 中剩余字符串，重复（1），直到 s 中无空格。

    s=Mid(s,i+1)   '取 s 中剩余字符串

【程序】

程序代码如图 6.10 所示。

注意：

（1）子过程头：Max(ByVal s$, ByRef MaxWord$)。其中过程中的两个形参，前者为值传递，传送操作的字符串；后者为地址传递，传送返回最长的单词，若后者改为值传递，则得不到结果。

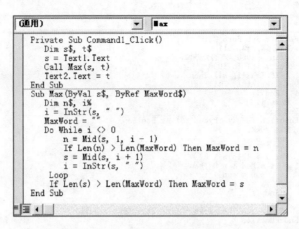

图 6.10　求最长单词程序代码窗口

（2）主调程序中，实参为字符串变量，达到双向传递的作用；若为文本框控件，只能起到值传递的作用。

6.3　习题解答

主教材第 6 章习题。

1. 简述子过程与函数过程的共同点和不同点。

解答：子过程与函数过程的共同点：函数过程和子过程都是功能相对独立的一种子程序结构，它们有各自的过程头、变量声明和过程体。在程序中使用它们不但可以避免烦琐地书写重复的程序语句，缩短代码，而且使程序条理清晰，容易阅读。

子过程与函数过程的不同点：

（1）过程声明的关键字不同，子过程用的是 Sub，函数过程用的是 Function。

（2）子过程名无值就无类型声明，函数过程名有值就有类型声明。

（3）函数过程名兼作结果变量，因此在函数过程体内至少对函数过程名赋值；子过程名在过程体内不能赋值。

（4）调用方式不同，子过程是一条独立的语句，可用 Call 子过程名或省略 Call 直接以子过程名调用；函数过程不是一条独立的语句，是一个函数值，必须参与表达式的运算。

（5）一般来说，一个函数过程可以被一个子过程代替，代替时只要改变函数过程定义的形式，并在子过程的形参表中增加一个地址传递的形参来传递结果。

2. 什么是形参？什么是实参？什么是值引用？什么是地址引用？地址引用时，对应的实参有什么限制？

解答：形参是在定义过程时的一种形式虚设的参数，只代表了该过程参数的个数、类型、位置，形参的名字并不重要，也没有任何值，只表示在过程体内进行某种运算或处理。

实参是调用子过程时提供给过程形参的初始值或通过过程体处理后获得的结果。

调用时用实参代替形参，实参与形参的个数、类型、位置一一对应，实参与形参名相同与否无关。

实参与形参的结合有两种方法，即传地址（ByRef）和传值（ByVal），或称地址引用和值引用，默认为地址引用。

值引用时，系统将实参的值传递给对应的形参，实参与形参断开了联系。如果在过程体中改变形参的值，不会影响到实参。

地址引用时，实参与形参变量共用同一个存储单元，如果在过程中改变了形参的值，对应的实参也将发生改变。

地址引用时，实参只能是变量，不能是常量或表达式。

3. 指出下面过程语句说明中的错误。

（1）Sub f1(n%) As Integer

（2）Function f1%(f1%)

（3）Sub　f1(ByVal　n%())

（4）Sub　f1(x(i) as Integer)

解答：

（1）错误为 Sub 子过程名无值返回，也就没有类型。

（2）函数名与形参名相同。

（3）形参 n 为数组，不允许声明为 ByVal 值传递。

（4）形参 x(i) 不允许为数组元素。

4. 已知有如下求两个平方数和的 fsum 子过程：

```
Public Sub fsum(sum%, ByVal a%, ByVal b%)
    sum = a * a + b * b
End Sub
```

在事件过程中有如下变量声明：

```
Private Sub Command1_Click()
    Dim a%, b%, c!
    a = 10: b = 20
End Sub
```

则指出如下过程调用语句错误所在：

（1）fsum 3, 4, 5

（2）fsum c, a, b

（3）fsum a + b, a, b

（4）Call fsum(Sqr(c), Sqr (a), Sqr(b))

（5）Call fsum c,a, b

解答：

（1）fsum 子过程的第一个形参是地址传递，因此对应的实参 3 不应该是常量。

（2）fsum 子过程的第一个形参是整型而且是地址传递，对应的实参 c 是单精度，类型不匹配。

（3）fsum 子过程的第一个形参是地址传递，因此对应的实参 a+b 不应该是表达式。

（4）fsum 子过程的第一个形参是地址传递，因此对应的实参 Sqr(c)不应该是表达式。

（5）用 Call 语句调用 fsum 子过程，必须加圆括号括起实参。

5．在 VB 中，变量按它在程序中声明的位置可分为哪几种？

解答：在 VB 中，在过程内声明的变量为局部变量；在过程外用 Dim 或 Private 关键字声明的为模块级变量；一般在模块文件（Module＊.vb）中，用 Public 关键字开头声明的变量为全局变量。

6．要使变量在某事件过程中保留值，有哪几种变量声明的方法？

解答：声明变量为全局（Public）、通用声明段或标准模块声明的模块级变量、局部过程声明的静态变量（Static）。

7．为使某变量在所有的窗体中都能使用，应在何处声明该变量？

解答：在标准模块声明为全局变量。

8．在同一模块、不同过程中声明的相同变量名，两者是否表示同一个变量？有没有联系？

解答：表示不同的变量，没有任何关系。

6.4 常见错误和难点分析

1．程序设计算法问题

该章程序编写难度较大，主要是算法的构思有困难，这也是程序设计中最难学习的阶段。经验告诉每一位程序设计的初学者，没有捷径可走，多看、多练、知难而进。上机前一定要先编写好程序，仔细分析、检查，才能提高上机调试的效率。每当一个程序通过艰苦的努力调试通过后，那苦尽甘来的喜悦令你一言难尽。正如学习了该课程的学生体会：学习 VB 程序设计过程中得到的对思维的训练，对耐心细致的学习工作态度培养及对百折不挠的精神的追求将是终身受益的！

2．利用迭代法求方程 $x^2 - a = 0$ 的近似根，要求精度为 10^{-5}，迭代公式为 $x_{i+1} = \frac{1}{2}\left(x_i + \frac{a}{x_i}\right)$。编制两个过程：迭代函数过程、迭代子过程

通过该例进一步比较函数过程和子过程的区别。程序运行结果如图 6.11 所示。

图 6.11　两种过程运行结果

程序代码如下：

```
Private Sub Command1_Click( )
    Print "函数过程 "; f1(10)
    Call s1(x!, 10)
    Print "子过程    "; x!
```

```
End Sub

Public Function f1!(a!)                    ' 函数过程
    Dim x!, x1!
    x1 = a
    Do
       x = (x + a / x)/2
       If Abs(x - x1) < 0.00001 Then Exit Do
       x1 = x
    Loop
    f1 = x
End Function
Public Sub s1(x1!, a!)                     ' 子过程
    Dim x!
    x = 9
    Do
       x1 = (x + a / x)/2
       If Abs(x1 - x) < 0.00001 Then Exit Do
       x = x1
    Loop
End Sub
```

3. 确定自定义的过程是子过程还是函数过程

实际上，过程是一个具有某种功能的独立程序单位，可供多次调用。子过程与函数过程的区别是，前者子过程名无值；后者函数过程名有值。若过程有一个返回值，则习惯使用函数过程；若过程无返回值，则使用子过程；若过程返回多个值，一般使用子过程，通过实参与形参的结合带回结果，当然也可通过函数过程名带回一个，其余结果通过实参与形参的结合带回。

4. 过程中形参的个数和传递方式的确定

对初学者而言，在定义过程时较难确定形参的个数和传递方式。

过程中参数的作用是实现过程与调用者的数据传递。一方面，调用者为子过程或函数过程提供初值，这是通过实参传递给形参实现的；另一方面，子过程或函数过程将结果传递给调用者，这是通过地址传递方式实现的。因此，决定形参的个数就是由上述两方面决定的。初学者往往喜欢把过程体中用到的所有变量全作为形参，这样就增加了调用者的负担和出错概率；也有的初学者全部省略了形参，则无法实现数据的传递，既不能从调用者得到初值，也无法将计算结果传递给调用者。

VB 中形参与实参的结合有传值和传地址两种方式，区别如下：

① 在定义形式上，值传递在形参前加 ByVal 关键字，这是 VB 的默认方式；地址传递形参前要加 ByRef。

② 在作用上，值传递只能从外界向过程传入初值，但不能将结果传出；而地址传递既可传入又可传出。

③ 如果实参是数组、对象变量等，形参是地址传递（即使加了 ByVal，效果还是地

址传递)。

5. 变量的作用域问题

局部变量,在对该过程调用时,分配该变量的存储空间,当过程调用结束时,回收分配的存储空间,也就是调用一次,初始化一次,变量不保值;窗体级变量,当窗体装入时,分配该变量的存储空间,直到该窗体从内存卸掉,才回收该变量分配的存储空间。

例如,要通过文本框输入若干个值,每输入一个按 Enter 键,直到输入的值为 9 999,输入结束,求输入的数的平均值。

```
Sub Text1_KeyPress(KeyAscii As Integer)
    Dim sum!, n%
    If KeyAscii = 13 Then
        If Val(Text1. Text) = 9999 Then
            sum = sum / n
            MsgBox(sum)
        Else
            sum = sum + Text1. Text
            n = n + 1
            Text1. Text = ""
        End If
    End If
End Sub
```

该过程没有语法错,运行程序可输入若干个数,但当输入 9 999 时,程序显示"溢出"的错误。原因是 sum 和 n 是局部变量,每按一个键,局部变量初始化为 0,所以会有上述错误产生。

改进方法:将要保值的局部变量声明为 Static 静态变量或声明为窗体级变量;也可将要保值的变量在过程外声明为模块级变量。

6.5　测试题

一、选择题

1. 设有如下说明:

```
Public Sub F1(ByRef n%)
    …
    n = 3 * n+4
    …
End Sub
Sub Command1_Click()
    Dim n%, m%
    n = 3
    m = 4
    …
        ' 调用 F1 语句
```

```
            ...
        End Sub
```
则在 Command1_Click 事件中有效的调用语句是_____。

（A）F1（n+m）　　　　　　　　（B）F1（m）

（C）F1（5）　　　　　　　　　　（D）F1（m,n）

2. 下面过程语句说明最合理的是_____。

（A）Sub　f1（ByVal n%（））　　　（B）Sub f1（ByRef n%）As Integer

（C）Function　f1%（ByRef f1%）　（D）Function　f1（ByVal n%）

3. 要想从子过程调用后返回两个结果，下面子过程语句说明合法的是_____。

（A）Sub　f1（ByVal n%,ByVal m%）

（B）Sub　f1（ByRef n%, ByVal m%）

（C）Sub　f1（ByRef n%, ByRef m%）

（D）Sub　f1（ByVal n%, ByRef m%）

4. 在过程中定义的变量，若希望在离开该过程后，还能保存过程中局部变量的值，则应使用关键字_____在过程中定义过程级变量。

（A）Dim　　　　　　　　　　　　（B）Private

（C）Public　　　　　　　　　　　（D）Static

5. 下面过程运行后显示的结果是_____。

```
Public Sub F1(ByRef n%, ByVal m%)        Sub Command1_Click()
    n = n Mod 10                             Dim x%, y%
    m = m \ 10                               x = 12:y = 34
End Sub                                      Call F1(x, y)
                                             MsgBox(x  & "   " &  y)
                                         End Sub
```

（A）2　34　　　　　　　　　　　（B）12　34

（C）2　3　　　　　　　　　　　　（D）12　3

6. 如下程序的运行结果是_____。

```
Dim a%, b%, c%
Public Sub p1(ByRef x%, ByRef y%)
  Dim c%
  x = 2 * x: y =y + 2: c = x + y
End Sub
Public Sub p2(ByRef x%, ByVal y%)
  Dim c%
  x = 2 * x: y = y + 2: c = x + y
End Sub
Sub Command1_Click()
  a = 2: b = 4: c = 6
  Call p1(a, b)
  MsgBox("a=" & a & "b=" & b & "c=" & c)
  Call p2(a, b)
```

```
        MsgBox("a=" & a & "b=" & b & "c=" & c)
    End Sub
```

(A) a= 2 b= 4 c= 6　　　　(B) a= 4 b= 6 c= 10
　　a= 4 b= 6 c= 10　　　　　　a= 8 b= 8 c= 16
(C) a= 4 b= 6 c= 6　　　　(D) a= 4 b= 6 c= 14
　　a= 8 b= 6 c= 6　　　　　　a= 8 b= 8 c= 6

7. 如下程序，运行后各变量的值依次为_____。

```
    Public Sub Proc(ByRef a%())
        Static i%
        Do
            a(i) = a(i) + a(i + 1)
            i = i + 1
        Loop While i < 2
    End Sub
    Sub Command1_Click()
        Dim m%, i%, x%(10)
        For i = 0 To 4: x(i) = i + 1: Next i
        For i = 1 To 2: Call Proc(x): Next i
        For i = 0 To 4: MsgBox(x(i));: Next i
    End Sub
```

(A) 3 4 7 5 6　　　　　　(B) 3 5 7 4 5
(C) 2 3 4 4 5　　　　　　(D) 4 5 6 7 8

二、填空题

1. 传地址方式是当过程被调用时，形参和实参共享____(1)____。

2. 请按照如下要求书写函数过程定义的首语句，即 Function____(2)____ 定义语句，要求为：形参有两个 a 为整型，b 为一维整型数组，函数过程名为 MyF，函数返回值为逻辑型。

3. 当形参是数组时，在过程体内对该数组操作时，为了确定数组的上界，应用____(3)____函数。

4. VB 中的变量按其作用域分为全局变量、模块级变量、____(4)____变量和块级变量。

5. 将 100~150 的偶数，拆分成两个素数之和（只要一对就可以了），输出格式如图 6.12 所示。其中，函数 prime 判断参数 x 是否为素数。

图 6.12　运行界面

```
Private Function prime(ByVal x As Integer) As Boolean
    Dim i%
    prime =     (5)
    For i = 2 To Sqrt(x)
        If      (6)      Then
            prime = False
            Exit Function
        End If
    Next i
End Function
Private Sub Form1_Click()
  Dim i%, n%, k%
  i = 1                 ' 显示满足条件的个数
  For n =     (7)
    For k = 3 To n/2
      If  prime(k)     (8)      Then
        Label1.Text &=i & ":" & n & "=" &  k  & "+" &  n - k  & vbCrLf
            (9)
        Exit For
      End If
    Next k
  Next n
End Sub
```

6. 子过程 MoveStr( )用于把字符数组移动 m 个位置，当 Tag 为 True 时左移，则前 m 个字符移到字符数组尾，例如，"abcdefghij" 左移 3 个位置后，结果为 "defghijabc"；当 Tag 为 False 时右移，则后 m 个字符移到字符数组前，如 "abcdefghij" 右移 3 个位置后，结果为 "hijabcdefg"。

子过程如下：

```
Public Sub MoveStr(ByRef a$( ), ByVal m%, ByVal Tag As Boolean)
    Dim i%, j%, t$
    If     (10)      Then
        For i = 1 To m
            (11)
            For j = 0 To    (12)
                a(j) = a(j + 1)
            Next j
            (13)
        Next i
    Else
        For i = 1 To m
            (14)
            For j = UBound(a) To 1 Step -1
```

```
                a(j) = a(j - 1)
            Next j
                 (15)
        Next i
    End If
End Sub
```

7. 子过程 CountN 用来统计字符串中各数字字符（"0"~"9"）出现的个数。主调程序对在 Text1 中输入的文本，每次单击"统计"按钮，调用子过程，在 Label1 中显示结果，如图 6.13 所示。

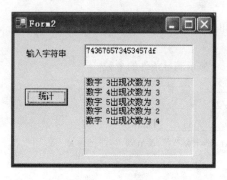

图 6.13　运行界面

```
Private Sub Command1_Click( )
    Dim n(9) As Integer, i%
    Call CountN(n, Text1.Text)
    Label1.Text = " "
    For i = 0 To 9
        If n(i) Then
            Label1.Text &=        (16)         & vbCrLf
        End If
    Next
End Sub
Sub CountN(        (17)        )
    Dim c As Char, i%, m%, j%
    For i = 0 To 9
        num(i) = 0
    Next i
    m = Len(s)
    For i = 1 To m
        c =     (18)
        If c >= "0" And c <= "9" Then
            j = Val(c)
            num(j) =       (19)
        End If
    Next i
```

　　　　End Sub

8. 子过程 f(n,m,t) 对一个四位数 *n* 判断：已知该整数 *n*，逆向排列获得另一个四位数 *m* 是它自身的倍数（2 倍以上），则 t 为 True 表示满足上述条件。主调程序调用该函数，显示 1 000~9 999 中所有满足该条件的数，如图 6.14 所示。

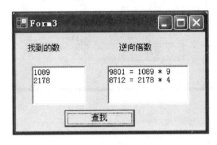

图 6.14　运行界面

　　提示：把一个整数 *n* 逐一分离得到它的反序数 *m*，然后判断 *m* 是否是 *n* 的倍数。

```
Private Sub Command1_Click( )
    Dim t As Boolean, i%, k%
    Label3. Caption = " "
    Label4. Caption = " "
    For i = 1000 To 9999
        Call f(_____(20)_____)
        If t Then
            Label3 = Label3 & i & vbCrLf
            Label4 = Label4 & k & " = " & i & " * " & k \ i & vbCrLf
        End If
    Next
End Sub
Sub f( ByVal n%, ByRef m%, ByRef tag As Boolean)
    Dim i%
    tag = False
    m = 0
    i = n
    Do While i > 0
        m = _____(21)_____                    '求得 n 的逆序
        i = _____(22)_____
    Loop
    If m Mod n = 0 And m \ n > 1 Then            '是否是倍数
        tag = _____(23)_____
    End If
End Sub
```

9. 下列程序中的子过程 MySplit(str1,sn( ),n) 用于实现函数 Split( ) 的功能（字符分离到数组中），即将数字字符串 str1 按分隔符 "," 分离到 sn 数组中，分离的个数通过 n 获得。主调程序将文本框输入的数字字符串进行分离，结果在 List1 控件中显示出来，如

图 6.15 所示。

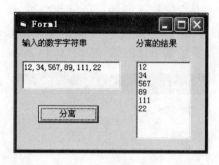

图 6.15   运行界面

```
Sub Command1_Click( )
    Dim str1 As String, num(100) As Integer, n%, i%
    str1 = Trim( Text1. Text)
    Call MySplit( str1, num, n)
    List1. Clear
    For i = 0 To n
        List1. AddItem num( i)
    Next
End Sub
Sub MySplit( ByVal str1 As String, ByRef sn( ) As Integer, ByRef n As Integer)
    Dim i%, j%, ch$
    i = 0
    j = InStr( str1, ",")
    Do While j > 0
        sn( i) = Val( _____(24)_____ )
        str1 = Mid( str1, j + 1)
        i = i + 1
        j = _____(25)_____
    Loop
    sn( i) = Val( str1)
    n = ____(26)____
End Sub
```

10. 以下过程将一个有序数组中重复出现的数进行压缩，删除到只剩一个。主调程序
运行后结果如图 6.16 所示。算法思想是从数组最右往左两两比较，若相同，则右边的数
依次往左移，数组上界元素减 1，实现删除。

```
Sub Command1_Click( )
    Dim b( ), i%, n%
    b=Array( 23, 45, 60, 70, 70, 70, 90)
    Call p( b,n)                    ' n 是删除后数组上界
    For i = 0 To UBound( b)
        Print b( i) & "    "
```

```
        Next i
   End Sub


   Sub p(_____(27)_____)
        Dim m%, k%, n%
        n = UBound(a)
        m = n
        Do While (_____(28)_____)                    ' 从右往左比较、压缩
             If a(m) = a(m − 1) Then
                  For k = _____(29)_____
                       a(k − 1) = a(k)
                  Next k
                  n = _____(30)_____
             End If
             m = _____(31)_____
        Loop
        ReDim Preserve a(n)
   End Sub
```

图 6.16　运行结果

11. 在主教材中介绍的选择法、冒泡法排序都是在欲排序的数组元素全输入后，再进行排序。而插入排序是每输入一个数，马上插入到数组中，数组在输入过程中总是有序的，界面如图 6.17 所示。在插入排序中，涉及查找、数组内数的移动和元素插入等算法。

图 6.17　插入法运行界面

提示：此例关键是编写一个插入排序过程，插入排序法的思路是，对数组中已有 n 个有序数，当输入某数 x 时：

① 确定 x 在数组中的位置 j。

② 从 $n−j$ 个数依次往后移，使位置为 j 的数让出。

③ 将数 x 放入数组中应有的位置 j，则一个数插入完成。

对于输入的若干个数，只要调用插入排序过程即可。

```
Dim n As Integer
Private Sub Text1_KeyPress(KeyAscii As Integer)
    Static bb!(20)
Dim i%
If n > 20 Then
    MsgBox "数据太多!", 1, "警告"
    End
End If
If KeyAscii = Chr(13) Then
    n = n + 1
    insert (        (32)        )
    Label2. Caption = Label2. Caption &   TextBox1. Text   &   vbCrLf   '显示刚输入的数
    For i = 1 To n                                              '显示插入后的有序数
        Label3. Caption = Label3. Caption & bb(i)   &   "   "
    Next i
    Label3. Caption = Label3. Caption &          (33)
    Text1. Text = ""
End If
End Sub


Sub insert(ByRef a( ) As Single, ByVal x!)
    Dim i%, j%
    j = 1
    Do While        (34)                '查找 x 应插入的位置 j
        j = j + 1
    Loop
    For i = n - 1 To j Step -1          'n-j 个元素往右移
           (35)
    Next i
    a(j) = x                           'x 插入数组中的第 j 个位置
End Sub
```

12. 主教材没有介绍积分算法，考虑到读者需要这方面知识的学习，在此进行介绍。

数值积分是指用近似计算方法解决定积分计算问题，常用的方法有矩形法、梯形法、抛物线法（又称辛卜生法）等，按积分划分的区间，又有定长和变长两种不同实现方法。下面介绍用定长的梯形法计算 $\int_a^b f(x)\,\mathrm{d}x$ 的积分。

积分的思路是：将积分区间 $[a,b]$ n 等分，小区间的长度为 $h=\dfrac{b-a}{n}$，第 i 块小梯形的近似面积 $A_i=\dfrac{f(x_i)+f(x_{i+1})}{2}h$，积分的结果为所有小面积的和，公式为

$$S = \int_a^b f(x)\,\mathrm{d}x \approx \sum_{i=1}^{n} \frac{f(x_i)+f(x_{i+1})}{2}h \approx \left\{\frac{1}{2}(f(a)+f(b)) + \sum_{i=1}^{n-1}f(x_i)\right\}h$$

n 越大，求出的面积值越接近积分的值。

例如，求 $s_3 = \int_1^3 (x^3 + 2x + 5)\,\mathrm{d}x$ 的定积分（程序运行界面如图 6.18）。

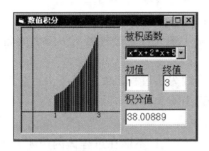

图 6.18　程序运行界面

程序如下：

```
Function trapez(ByVal a!, ByVal b!, ByVal n%) As Single
    Dim sum!, h!, x!
    h = (b-a) / n
    sum = (f(a) + f(b)) / 2
    For i =       (36)
      x = a + i * h
      sum = sum + f(x)
    Next i
    trapez =       (37)
End Function
Sub Command1_Click()
    MsgBox(trapez(1,3 , 30))
End Sub
Public Function f(ByVal x!)
    f =          (38)                 ' 对不同的被积函数在此进行对应的改动
End Function
```

若读者要对不同的函数求定积分，只要重新写 $f()$ 中的表达式即可。例如，要对如下函数求积分：

$$s = \int_0^{\pi} \sin x\,\mathrm{d}x$$

只要用表达式 $\sin x$ 替换 x^3+2x+5 即可，当然在 trapez() 函数调用时还要改为各自的积分区间。

6.6　测试题参考答案

一、选择题

1. B　　F1 子过程中的形参 n 是地址传递，可以从实参中获得初值，也可以把结果返回给主调程序，此时要求实参是变量，才能获得效果。而 A、C 调用时实参是表达式或常量，在 VB 中语法没有错（有的语言不允许），但得不到子过程中操作的结果；D 是两个参数，形参只有一个。

2. D　　A 中形参是数组，应该为地址传递（在 VB 中不允许，在 VB. NET 中虽然允许，其结果还是地址传递）；B 中子过程名无值也无类型，F1 不能声明为整型；C 中函数名与形参名相同。

注意：在 VB. NET 中允许子过程名与形参名同名，例如，C 改为

Sub　f1（f1%）

认为是正确的，因为子过程名无值，不会产生二义性，但希望不要这样写，因为在有的语言中不允许。

3. C　　原因同第 1 题。

4. D　　Static 具有保值的特点；不能在过程体内声明 Public、Private 变量。

5. A　　原因同第 1 题。

6. C　　p1 子过程的形参都是地址传递，p2 子过程 x 是地址传递，y 是值传递。

7. B　　形参是数组，是地址传递，实参可得到过程中操作的结果。

二、填空题

（1）存储单元

（2）MyF(ByVal a%,ByRef b%( )) As Boolean

（3）UBound( )

（4）局部

（5）True　　　　　　　初值假定为素数。

（6）m Mod i = 0　　　只要被 i 整除，x 就不是素数。

（7）100 To 150

（8）And prime(n − k)　拆分成两个素数。

（9）i = i + 1　　　　统计满足的个数。

（10）Tag　　　　　　Tag 为 True 时左移。

（11）c = a(0)　　　　将最左边的元素移出。

（12）UBound(a)−1　　数组上界减 1，循环完成，所有元素左移一次，最右边空出位置，留给最左边刚移出的元素 a(0)。

（13）a(UBound(a)) = c　最左边的刚移出元素移到最右边。

（14）c = a(UBound(a))　将最右边的元素移出。

（15）a(0) = c　　　　一次右移完成。

（16）Label1. Caption &"数字 " & Chr(i + 48) & "出现次数为 " & n(i)　　在 Label1 中显示结果。

（17）ByRef num%( ), ByVal s As String　　与主调程序对应实参的关系，注意是地址传递还是值传递。

（18）Mid(s, i, 1)　　　取一个字符进行判断。

（19）num(j) + 1　　　对应数字元素加 1。

（20）i, k, t　　　　　注意与形参对应关系。

（21）m ＊ 10 ＋ i Mod 10　　　　　求得 n 的逆序。

（22）i \ 10　　　　　　　　　　　取整。

（23）True　　　　　　　　　　　　是原数的倍数。

（24）Mid(str1，1，j － 1)　　　　分离出一个数据项。

（25）InStr(str1，"，")　　　　　找下一个分离的数。

（26）i　　　　　　　　　　　　　　获得分离出的个数。

（27）ByVal a( )　　　　　　　　　n 是删除后数组的个数。

（28）m>0　　　　　　　　　　　　从右往左比较。

（29）m To n　　　　　　　　　　当出现重复的数时，从当前重复的数到最右端，
　　　　　　　　　　　　　　　　　　逐一往前移动一个，实现压缩。

（30）n=n-1　　　　　　　　　　　压缩后数组元素减少一个。

（31）m=m-1　　　　　　　　　　往左比较下一个。

（32）bb，Val(Text1. Text)　　　调用插入过程，注意与实参的对应。

（33）vbCrLf

（34）j < n And x > a(j)　　　　查找插入的位置。

（35）a(i ＋ 1) ＝ a(i)　　　　　n-j 个元素往右移。

（36）1 To n － 1　　　　　　　　对 n-1 块小面积求其函数值。

（37）sum ＊ h　　　　　　　　　　求得近似面积。

（38）x ＊ x ＊ x ＋ 2 ＊ x ＋ 5　　求定积分函数。

第 7 章
用户界面设计

7.1　知识要点

1. 菜单

菜单有两种类型：下拉式菜单和弹出式菜单。

每一个菜单项都是一个控件，都有 Click 事件。在程序运行期间，如果用户单击菜单项，则运行该菜单项的 Click 事件过程。

不论是下拉式菜单还是弹出式菜单，都是在菜单编辑器中设计的。下拉式菜单在程序开始时会自动显示，弹出式菜单需要在程序中使用 PopupMenu 方法显示。

PopupMenu 方法的简单使用形式为

PopupMenu 菜单名

2. 对话框

在 VB 应用程序中，对话框有 3 种：预定义对话框、通用对话框和用户自定义对话框。

（1）预定义对话框

预定义对话框是系统定义的对话框，可以调用如 InputBox、MsgBox 等函数直接显示。

（2）通用对话框

通用对话框包括打开、另存为、颜色、字体、打印和帮助 6 种类型的对话框。可用 Action 属性或 Show 方法打开通用对话框。通用对话框不是标准控件，而是一种 ActiveX 控件，位于 Microsoft Common Dialog Control 6.0 部件中，需要使用"工程|部件"命令加载。

（3）用户自定义对话框

用户自定义对话框本质上是用户建立的设置了特殊属性的窗体。作为对话框的窗体的 BorderStyle、ControlBox、MaxButton 和 MinButton 属性应分别为 3-FixedDialog、False、False 和 False。

① 窗体的常用方法和语句有 Load、Unload、Show 和 Hide。

② 窗体模式。窗体按使用方式可分为模式和无模式两种，其区别如表 7.1 所示。

▶ 表 7.1
窗体模式

类型	特　点	实　例	打开方式
模式	窗体显示后程序暂停运行，等待用户关闭对话框	通过"帮助"菜单中的"关于"命令打开的对话框	窗体对象 . Show 1 vbModal 或　窗体对象 . Show 1
无模式	窗体显示后程序继续运行，用户可以切换到其他窗体	通过"编辑"菜单中的"查找"命令打开的对话框	窗体对象 . Show vbModeless 或　窗体对象 . Show 0

③ 窗体之间的相互访问共有 3 种形式：一个窗体访问另一个窗体上控件的属性；一个窗体访问在另一个窗体中定义的全局变量；访问在模块中定义的全局变量。

3. 工具栏

制作工具栏所用的控件是 ToolBar 和 ImageList。ToolBar 是一种容器，其上放置按钮，按钮的图像来自 ImageList。在 ToolBar 上单击会触发 ButtonClick 事件，利用 ButtonClick 事件过程中 Button 参数的 Index 或 Key 属性，可以判断用户单击了哪个按钮。

ToolBar 和 ImageList 是 ActiveX 控件，位于 Microsoft Windows Common Control 6.0 组

件中。

4. 鼠标

除了 Click 和 DblClick 事件之外，鼠标事件还有 MouseDown、MouseUp 和 MouseMove。这 3 个鼠标事件过程具有以下相同的参数：

① Button 指示用户单击或释放了哪一个鼠标按钮。

② Shift 包含了 Alt、Ctrl 和 Shift 键的状态信息。

③ X 和 Y 是鼠标指针当前的位置。

MouseDown 和 MouseUp 的 Button 参数的意义与 MouseMove 是不同的。对于 MouseDown 和 MouseUp 来说，Button 参数指出哪个鼠标按钮触发了事件，而对于 MouseMove 来说，它表示当前所处的状态。

5. 键盘

常用的键盘事件有 KeyPress、KeyUp 和 KeyDown。

KeyUp 和 KeyDown 接收到的信息与 KeyPress 接收到的不完全相同：

① KeyUp 和 KeyDown 能检测到 KeyPress 不能检测到的功能键、编辑键和箭头键。

② KeyPress 接收到的是用户通过键盘输入的 ASCII 码字符。

如果需要检测用户通过键盘输入的是什么字符，则应选用 KeyPress 事件；如果需要检测用户所按的物理键，则应选用 KeyUp 和 KeyDown 事件。

在默认情况下，单击窗体上的控件时，窗体的 KeyPress、KeyUp 和 KeyDown 事件不会发生。为了启用这 3 个事件，必须将窗体的 KeyPreview 属性设为 True，而默认值为 False。一旦将窗体的 KeyPreview 属性设为 True，键盘信息就要经过两个平台（窗体级键盘事件过程和控件的键盘事件过程）才能到达控件。利用这个特性可以对输入的数据进行验证。例如，如果在窗体的 KeyPress 事件过程中将所有的字符都改成大写字符，则窗体上的所有控件都不能接收到小写字符。

7.2　实验 7 题解

1. 设计一个如图 7.1 和图 7.2 所示的菜单系统，并为菜单项编写事件过程。

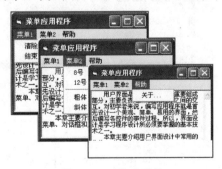

图 7.1　下拉式菜单　　　　　图 7.2　弹出式菜单

说明：

① "关于…" 对话框的内容是关于程序版本、版权的信息，可以任意设计。

② 对话框是模态的。将窗体作为模态对话框显示应使用如下语句：

frmAbout. Show vbModal   ' 将 frmAbout 作为模态对话框显示

【实验目的】

(1) 掌握下拉式菜单和弹出式菜单的设计方法。

(2) 掌握设计自定义对话框的有关技术。

【分析】

"菜单 2"中的"粗体"和"斜体"菜单项是选项,每次选择后需要改变 Checked 的值。

【程序】

下面是"8号""粗体"和"关于…"菜单项的事件过程,其他的留给读者自己完成。

```
Sub Menu2_8_Click( )
    Text1. Font. Size = 8
End Sub
Sub Menu2_Bold_Click( )
    Text1. Font. Bold = Not Text1. Font. Bold
    Menu2_Bold. Checked = Not Menu2_Bold. Checked
End Sub
Sub Help_About_Bold_Click( )
    frmAbout. Show vbModal                  ' 将 frmAbout 作为模态对话框显示
End Sub
```

2. 略。

3. 设计一个如图 7.3 和图 7.4 所示的程序。

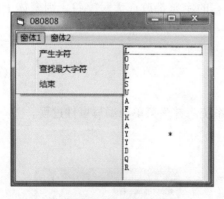

图 7.3   窗体 1

图 7.4   窗体 2

具体要求如下。

(1) 建立两个窗体

Form1:窗体的标题为自己的学号,窗体上有一个下拉式菜单和一个列表框,如图 7.3 所示。

Form2:窗体上有一个标签、两个命令按钮和一个定时器控件,如图 7.4 所示。

(2) 程序功能

① 单击"产生字符"菜单项,在列表框中随机产生 15 个大写字母。

② 单击"查找最大字符"菜单项，找出列表框中最大的字母，并用"＊"标记。

③ 单击"结束"菜单项，结束程序的运行。

④ 单击"窗体 2"菜单，显示 Form2 窗体。单击"动画"按钮，标签以每 0.5 s 显示一个字符的速度显示打字效果（隶书、二号、蓝色字）；单击"返回"按钮，则关闭 Form2 窗体，返回 Form1。

提示：假定 max 是最大字符的下标，标记最大字符的语句为

List1. List(max) = List1. List(max) & Space(10) & " ＊ "

【实验目的】

（1）掌握下拉式菜单的设计方法。

（2）掌握多重窗体设计技术。

【分析】

（1）用 Chr(Int(Rnd( ) ＊ 26 + 65)) 产生大写字母。

（2）假定 max 是最大字符的下标，标记最大字符的语句为

List1. List(max) = List1. List(max) & Space(10) & " ＊ "

（3）显示窗体 2 的语句为

Form2. Show

（4）从窗体 2 中返回包含两个功能：一是显示 Form1，二是关闭自己。

Form1. Show

Unload Me

【程序】

```
' 随机产生 15 个大写字母
Sub cs_Click( )
    Dim i As Integer, c As String
    For i = 1 To 15
        c = Chr( Int( Rnd( ) ＊ 26 + 65 ) )
        List1. AddItem c
    Next
End Sub
' 查找最大的字母
Sub cz_Click( )
    Dim i As Integer, max As Integer
    Max = 0
    For i = 0 To 14
        If List1. List( Max ) < List1. List( i ) Then
            Max = i
        End If
    Next
    List1. List( Max ) = List1. List( Max ) & Space( 10 ) & " ＊ "
End Sub
' "窗体 2"菜单项事件过程
Sub ct_Click( )
```

```
                    Form1. Show
                    Unload Me
                End Sub
                ' Form2 上的"动画"按钮事件过程
                Sub dh_Click( )
                    Timer1. Interval = 500
                End Sub
                ' Form2 上的 Timer1 事件过程
                Sub Timer1_Timer( )
                    Static i As Integer
                    i = i + 1
                    If i > 6 Then i = 1
                    Text1. Text = Mid("VB 程序设计", 1, i)
                End Sub
                ' Form2 上的"返回"按钮事件过程
                Sub fh_Click( )
                    Form1. Show
                    Unload Me
                End Sub
```

4. 略。

5. 略。

7.3　习题解答

主教材第 7 章习题。

1. 从设计角度说明下拉式菜单和弹出式菜单有什么区别。

解答：下拉式菜单和弹出式菜单都是使用菜单编辑器设计的。由于弹出式菜单在程序运行时不会，也不需要显示在窗口的顶部，所以从设计角度来说，下拉式菜单和弹出式菜单的区别有以下两点。

① 将弹出式菜单的 Visible 属性设置为 False，即在菜单编辑器内不选中"可见"复选框。

② 弹出式菜单需要在程序中使用 PopupMenu 方法才能显示。

2. 热键和快捷键在使用上有什么区别？如何实现？

解答：子菜单中的菜单项可以有热键和快捷键；主菜单中的菜单项只能有热键，不能有快捷键。

热键指使用 Alt 键和菜单项标题中的一个字符来打开菜单。建立热键的方法是在菜单项标题的某个字符前加上一个 & 符号，在菜单中这个字符会自动加上下画线，表示该字符是一个热键字符。

快捷键显示在菜单项的右边。使用快捷键可以不必打开菜单直接执行相应菜单项的操作。要为菜单项指定快捷键，只要在快捷键（Shortcut）下拉列表框中选择一个键，则菜单项标题的右边就会显示快捷键名称。

3. 弹出式菜单如何显示?

解答：显示弹出式菜单使用 PopupMenu 方法。PopupMenu 方法的使用形式为

[对象.]PopupMenu 菜单名[,标志,X,Y]

其中，菜单名是必需的，其他参数是可选的。标志、X 和 Y 参数省略时，弹出式菜单只能在鼠标左键按下时且在鼠标指针处显示。

4. 在程序设计时，如何处理用户在通用对话框中单击了"取消"按钮?

解答：处理用户在通用对话框中单击"取消"按钮的情况有以下两种方法。

① 将通用对话框的 CancelError 属性设置为 True，这样单击"取消"按钮后会产生错误警告。

② 利用 On Error GoTo 指定出现错误时程序转向处理错误的位置。

程序一般采用如下的结构：

```
On Error GoTo UserCancel          ' 一旦程序出错则转向 UserCancel
CommonDialog1.CancelError = True  ' 用户单击"取消"按钮后产生错误警告
   …
Exit Sub                          ' 退出过程
UserCancel：
   MsgBox("没有选择文件!")
```

5. 什么是模式对话框? 什么是非模式对话框? 两者有什么区别?

解答：对话框分为模式和非模式两类。

① 若是模式对话框，用户无法将鼠标移到其他窗口，即只有在关闭该窗口后才能对其他窗口进行操作，如 Office 软件中"帮助"菜单中的"关于"命令所打开的对话框。

② 若是非模式对话框，用户可以对其他窗口进行操作，如通过"编辑"菜单中的"替换"命令打开的对话框就是一个非模式对话框。"模式"的默认值为 0。

模式和非模式对话框都使用 Show 方法打开，打开时的参数是不同的：

[窗体名称].Show vbModal   ' 打开模式对话框
[窗体名称].Show vbModeless   ' 打开非模式对话框

6. 简述窗体之间数据互访的方法。

解答：窗体之间的数据相互访问时常使用下列 3 种方法。

① 一个窗体可以直接访问另一个窗体上的数据。

② 一个窗体直接访问在另一个窗体中定义的全局变量。

③ 在模块定义公共变量。

7. 当用户在工具栏上单击了一个按钮，程序如何判断是哪一个按钮被单击?

解答：工具栏上的按钮被单击时，会触发 ButtonClick 事件。ButtonClick 事件过程中的 Button 参数代表的是被单击的按钮对象，利用其 Index 或 Key 属性就可以判断用户单击了哪个按钮，然后再进行处理。

8. 计算机键盘上的"4"键的上档字符是"$"，当同时按下 Shift 键和键盘上的"4"键时，KeyPress 事件发生了几次? 过程中的 KeyAscii 的值是多少?

解答：KeyPress 事件发生了一次，KeyAscii 参数值为 36，也就是 $ 字符的 ASCII 码为

36。因为 KeyPress 事件是在输入一个 ASCII 码字符时发生的事件，尽管在输入 $ 字符时按了两个键，但是输入了一个字符，所以 KeyPress 事件发生了一次。

9. 在 KeyDown 事件过程中，如何检测 Ctrl 和 F3 键是否同时被按下？

解答：使用（KeyCode = vbKeyF3）And（Shift = vbCtrlMask）或者（KeyCode = 114）And（Shift = 2）表达式，可以检测 Ctrl 和 F3 键是否同时被按下，F3 键的键盘扫描码是 114。

10. KeyDown 与 KeyPress 事件的区别是什么？

解答：用户按下并释放一个会产生 ASCII 码的按键时，触发 KeyPress 事件；用户按下键盘上的任意一个键时，触发 KeyDown 事件。KeyDown 与 KeyPress 事件的主要区别如下。

① 从时间上来说，按下键盘上的一个键立即触发 KeyDown 事件，但此时没有触发 KeyPress 事件。只有在释放该按键时才触发 KeyPress 事件。

② 用户按下键盘中的任一键时就会触发相应对象的 KeyDown 事件，但是并不是按下和释放键盘上的任意一个键都会触发 KeyPress 事件，KeyPress 事件只对会产生 ASCII 码的按键有反应，包括数字、大小写的字母、Enter、Backspace、Esc、Tab 等。对于方向键这类不会产生 ASCII 码的按键，KeyPress 事件不会被触发。

7.4　常见错误和难点分析

1. 在程序中对通用对话框的属性设置不起作用

在程序中，通用对话框的属性设置语句必须放在打开对话框语句之前；否则本次打开对话框时将不起作用。例如，下面的程序代码由于先打开对话框再进行属性设置，因此第一次打开对话框时，属性设置不起作用，但是这些设置在下一次打开对话框时会起作用。

```
CommonDialog1. ShowOpen
Picture1. Picture = LoadPicture( CommonDialog1. FileName)
CommonDialog1. FileName = " *. Bmp"
CommonDialog1. InitDir = " C:\Windows"
CommonDialog1. Filter = " Pictures( *. Bmp) | *. Bmp | All Files( *. *) | *. *"
CommonDialog1. FilterIndex = 1
```

2. 在使用 CommonDialog 控件控制字体选择时出现图 7.5 所示的错误

图 7.5　没有安装字体错误

这是由于没有设置 CommonDialog 控件的 Flags 属性，或属性值不正确。通常设置该值为 &H103，表示屏幕字体、打印机字体两者皆有，并在字体对话框中出现删除线、下画线、颜色等元素。注意：数字前的符号 &H 表示十六进制。

3. 设置通用对话框的 CancelError 属性为 True 时发生错误

当将通用对话框的 CancelError 属性设置为 True 时，无论何时单击"取消"按钮，均会产生 32 755（cdlCancel）号错误。

VB 通过系统对象 Err 来记录程序运行期间所发生的错误。Err 对象的 Number 属性记录错误号，Description 属性保存有关错误的说明。例如，当在 CancelError 属性为 True 的通用对话框中单击"取消"按钮时，系统会产生一个错误，Err. Number 被设置为 32 755，Err. Description 属性被设置为"选择'取消'"。如果不对错误进行处理，VB 将显示出错消息并停止程序运行。为防止由于错误造成程序停止运行的问题，可以使用 On Error 语句捕获错误，然后根据捕获的错误进行处理。常用的 On Error 语句形式有

On Error Resume Next　　　　　　' 忽略发生错误的命令行,执行下一个命令
On Error GoTo 语句标号　　　　　' 当发生错误时转向执行标号所指定的命令行

对于捕获到的错误号，可用分支语句进行处理。

下面的程序说明当在颜色对话框内单击"取消"按钮时，CommonDialog1. ShowColor 语句产生 32 755 号错误。On Error 语句在捕获到错误后，转向执行标号 ErrorHandler 所指定的命令行，在标签 Label1 上显示"放弃操作"，并忽略产生错误的那一行命令与标号之间的所有语句。

```
Private Sub Command1_Click( )
    On Error GoTo ErrorHandler              ' 错误捕获语句
    CommonDialog1. CancelError = True       ' 单击"取消"按钮时能对错误做出响应
    CommonDialog1. ShowColor
    Text1. ForeColor = CommonDialog1. Color ' 设置颜色
    Exit Sub                                ' 无错误时正常退出本过程
    ' 以下为错误处理的语句
ErrorHandler：                             ' 语句标号,错误处理语句开始
    If Err. Number = 32755 Then Label1. Caption = "放弃操作"
End Sub
```

4. 在工程中添加现有窗体时发生加载错误

单击"工程|添加窗体"命令添加一个现存窗体时经常会发生加载错误，在大多数情况下是因为窗体名称冲突的缘故。例如，假定当前打开了一个名称为 Form1 的窗体，如果想把属于另一个工程的 Form1 窗体装入，则会产生错误。

读者要注意窗体名称与窗体文件名的区别。在一个工程中，可以有两个窗体文件名相同的窗体（分布在不同的文件夹中），但是绝对不能同时出现两个窗体。

5. 装入多窗体程序时出现对象不存在的错误

简单的单窗体程序可以通过 vbp 文件加载，也可以直接打开 frm 文件。但是多窗体程序必须通过 vbp 文件加载，它把属于该工程的所有文件装入内存。如果直接打开多窗体程序中的某一个窗体文件，只能加载该窗体文件，其他文件不能自动装入内存，程序运行时将出现对象不存在的错误。

此外，对于多窗体程序，在增加或删除窗体后，必须重新保存工程文件；否则工程

文件不能反映这一变化。

对于记录在工程文件中的窗体文件和模块文件，必须注意其所在的目录。在复制多窗体程序对应的文件时不要遗漏；否则在下次加载时会产生对象不存在的错误。

6. 调用多窗体时出现对象不存在的错误

用 Show 方法调用其他窗体时，被调用的窗体必须是窗体对象名，而不应是窗体文件名；否则会产生"实时错误 424，要求对象"的出错信息提示。

7. 使用 Load 语句加载窗体，窗体不显示

Load 语句用于将窗体装入内存并设置窗体的 Visible 属性为 False（无论在设计时如何设置 Visible 属性），即窗体用 Load 语句加载到内存后并不立即显示，需要用 Show 方法或将窗体的 Visible 属性设置为 True 才会将其显示出来。

此外，尽管窗体用 Load 语句加载后并不显示，但是仍然可以引用窗体中的控件及各种属性。

8. 在制作工具栏时 ToolBar 控件无法装入图像

ToolBar 控件装入的图像来自于与之关联的 ImageList 控件，必须先将图像添加到 ImageList 控件中，然后在 ToolBar 控件的"图像列表"下拉列表框中设置与之关联的 ImageList 控件。

9. 在制作工具栏时无法对 ImageList 控件进行编辑

若要对 ImageList 控件进行图像增加、删除操作，必须先在 ToolBar 控件的"图像列表"下拉列表框中选择"无"选项，也就是与 ImageList 切断联系；否则 VB 会提示无法对 ImageList 控件进行编辑。

7.5　测试题

一、选择题

1. 在用菜单编辑器设计菜单时，必须输入的是_____。
（A）快捷键　　　　（B）标题　　　　（C）索引　　　　（D）名称

2. 在下列关于菜单的说法中，错误的是_____。
（A）每个菜单项都是一个控件，与其他控件一样有自己的属性和事件
（B）除了 Click 事件之外，菜单项还能响应其他的事件，如 DblClick 等
（C）菜单项的快捷键不能随意设置
（D）在程序执行时，如果菜单项的 Enabled 属性为 False，则该菜单项变成灰色，不能被用户选择

3. 在下列程序中，_____不论使用鼠标右键还是鼠标左键都能显示弹出式菜单。
（A）Sub Form_MouseDown(Button As Integer, Shift As Integer, X As Single, Y As Single)
　　　　If Button = 2 Then PopupMenu Menu_Test, 2
　　　End Sub
（B）Sub Form_MouseDown(Button As Integer, Shift As Integer, X As Single, Y As Single)
　　　　PopupMenu Menu_Test, 0
　　　End Sub

(C) Sub Form_MouseDown(Button As Integer, Shift As Integer, X As Single, Y As Single)
　　　PopupMenu Menu_Test
　End Sub
(D) Sub Form_MouseDown(Button As Integer, Shift As Integer, X As Single, Y As Single)
　　　　If (Button = 0) Or (Button = 2) Then PopupMenu Menu_Test
　End Sub

4. 下列关于通用对话框的说法中，错误的是_____。
(A) CommonDialog1.ShowFont 用来显示字体对话框
(B) 在打开或另存为对话框中，用户选择的文件名可以用 FileTitle 属性返回
(C) 在文件打开或另存为对话框中，用户选择的文件名及其路径可以用 FileName 属性返回
(D) 通用对话框可以用来制作和显示帮助对话框

5. 以下正确的语句是_____。
(A) OpenFileDialog1.Filter＝All Files｜＊.＊｜Pictures(＊.Bmp)｜＊.Bmp
(B) OpenFileDialog1.Filter＝"All Files"｜"＊.＊"｜"Pictures(＊.Bmp)"｜"＊.Bmp"
(C) OpenFileDialog1.Filter＝"All Files｜＊.＊｜Pictures(＊.Bmp)｜＊.Bmp"
(D) OpenFileDialog1.Filter＝{All Files｜＊.＊｜Pictures(＊.Bmp)｜＊.Bmp}

6. 下列关于对话框的叙述中，错误的是_____。
(A) 对话框窗体的 BorderStyle、ControlBox、MaxButton 和 MinButton 属性应分别设置为 1、True、False 和 False
(B) 语句 frmAbout.Show vbModeless,frmMain 表示将 frmAbout 窗体显示为 frmMain 的无模式子窗体
(C) 可以将对话框分成两种类型：模式的和无模式的
(D) 语句 frmAbout.Show 表示将 frmAbout 作为无模式对话框显示

7. 下面关于窗体事件的叙述中，错误的是_____。
(A) 在窗体的整个生命周期中，Initialize 事件只触发一次
(B) 在用 Show 显示窗体时，不一定发生 Load 事件
(C) 每当窗体需要重新绘制时，肯定会触发 Paint 事件
(D) Resize 事件是在窗体的大小有所改变时被触发的

8. 下面关于多重窗体的叙述中，正确的是_____。
(A) 作为启动对象的 Main 子过程只能放在窗体模块内
(B) 如果启动对象是 Main 子过程，则程序启动时不加载任何窗体，之后由该过程根据不同情况决定是否加载或加载哪一个窗体
(C) 没有启动窗体，程序不能执行
(D) 以上都不对

9. 如果 Form1 是启动窗体，并且 Form1 的 Load 事件过程中有 Form2.Show，则程序启动后_____。
(A) 发生一个运行时错误
(B) 发生一个编译错误

（C）在所有的初始化代码运行后 Form1 是活动窗体

（D）在所有的初始化代码运行后 Form2 是活动窗体

10. 当用户将焦点移到另一个应用程序时，当前应用程序的活动窗体将_____。

（A）触发 DeActivate 事件

（B）触发 LostFocus 事件

（C）触发 DeActivate 和 LostFocus 事件

（D）不触发 DeActivate 和 LostFocus 事件

11. 当用户按下并且释放一个键后会触发 KeyPress、KeyUp 和 KeyDown 事件，这 3 个事件发生的顺序是_____。

（A）KeyPress、KeyDown、KeyUp

（B）KeyDown、KeyUp、KeyPress

（C）KeyDown、KeyPress、KeyUp

（D）没有规律

12. 窗体的 KeyPreview 属性为 True，并且有下列程序。当焦点在窗体上的文本框中时按 a 键，文本框接收到的字符是_____。

```
Sub Form_KeyDown(KeyCode As Integer, Shift As Integer)
    KeyCode = KeyCode + 1
End Sub
```

（A）"a"   （B）"b"

（C）空格   （D）没有接收到字符

13. 在下列关于键盘事件的说法中，正确的是_____。

（A）按下键盘上的任意一个键都会触发 KeyPress 事件

（B）大键盘上的 1 键和数字键盘上的 1 键的 KeyCode 码相同

（C）KeyDown 和 KeyUp 的事件过程中有 KeyAscii 参数

（D）大键盘上的 4 键的上档字符是$，当同时按 Shift 和大键盘上的 4 键时，KeyPress 事件过程中的 KeyAscii 参数值是$的 ASCII 值

14. 在 KeyDown 或 KeyUp 事件过程中，能用来检查 Ctrl 和 F3 是否同时按下的表达式为_____。

（A）（button = vbCtrlMask）And （KeyCode = vbKeyF3）

（B）KeyCode = vbKeyControl + vbKeyF3

（C）（KeyCode = vbKeyF3）And （Shift And vbCtrlMask）

（D）（Shift And vbCtrlMask）And （KeyCode and vbKeyF3）

二、填空题

1. 如果在菜单标题中的某个字母前输入一个"____(1)____"符号，那么该字母就成为热键字母。

2. 如果建立菜单时在标题文本框中输入一个"____(2)____"，那么菜单显示时会出现一个分隔线。

3. 如果把菜单项的____(3)____属性设置为 True，则该菜单项成为一个选项。

4. 不论是在窗口顶部菜单条上显示的菜单，还是隐藏的菜单，都可以用____(4)____

方法把它们作为弹出式菜单在程序运行期间显示出来。

5. 假定有一个通用对话框控件 CommonDialog1，除了用 CommonDialog1. Action = 3 显示颜色对话框之外，还可以用___(5)___方法显示。

6. 在显示字体对话框之前必须设置___(6)___属性；否则将发生不存在字体的错误。

7. 在用 Show 方法显示自定义对话框时，如果 Show 方法后带___(7)___参数就将窗体作为模式对话框显示。

8. 在 VB 中，除了可以指定某个窗体作为启动对象之外，还可以指定___(8)___作为启动对象。

9. 在 ToolBar 控件的按钮上显示的所有图像都可以用___(9)___控件存储。要在设计时将该控件和 ToolBar 控件相关联，需要在___(10)___控件上右击，然后选择"属性"命令，打开"属性页"对话框，在"通用"选项卡上，从___(11)___下拉列表框中选择该控件的名称。

10. 当用户右击鼠标时，MouseDown、MouseUp 和 MouseMove 事件过程中的 Button 参数值为___(12)___。

11. 当同时按 Ctrl 键和 Shift 键并单击鼠标时，则 MouseDown、MouseUp 和 MouseMove 事件过程中的 Shift 参数值为___(13)___。

7.6　测试题参考答案

一、选择题

1. D　菜单项的快捷键、标题和索引都可以编辑，但是名称必须输入且有效。

2. B　菜单项只有 Click 一个事件，没有 DblClick 事件。菜单项的快捷键只能选择，不能随意设置。例如，Ctrl+Alt+0 键不能作为快捷键。

3. A　菜单项对左键还是右键有反应是由 PopupMenu 方法的标志参数所决定的。当标志参数为 0（默认值）时，仅当使用鼠标左按钮时，菜单项才响应鼠标单击；当标志参数为 2 时，不论使用鼠标右键还是左键，菜单项都响应鼠标单击。答案 A、D 中的 If 语句用来决定在什么情况下显示弹出式菜单，与菜单项对鼠标什么键产生反应没有关系。

4. D　使用通用对话框控件可以显示帮助对话框，但是不能制作。

5. C

6. A

7. C　每当窗体需要重新绘制时，只有当窗体的 AutoRedraw 属性为 False 时，才会触发 Paint 事件。

8. B　启动对象可以是窗体或 Main 子过程。当启动对象是 Main 子过程时，启动时不加载任何窗体，之后由该过程根据不同情况决定是否加载或加载哪一个窗体。作为启动对象的 Main 子过程应放在标准模块中，绝对不能放在窗体模块中。

9. C　Form1 是最后的活动窗体。

10. D 当用户切换到其他应用程序时，当前应用程序的活动窗体没能改变，故这些事件并不会触发。

11. C KeyPress 事件发生在 KeyDown 事件之后和 KeyUp 事件之前。

12. A 在 Form_KeyDown 或 Form_KeyUp 事件过程中，改变 KeyCode 不会影响文本框接收到的字符，只有改变 KeyAscii 才会影响，但是这两个事件过程没有该参数。

13. D 当同时按 Shift 键和大键盘上的 4 键时，KeyPress 事件接收到的是$字符。

14. C

二、填空题

（1）&

（2）_

（3）Checked

（4）PopupMenu

（5）CommonDialog1. ShowColor

（6）Flags

（7）vbModal

（8）Main 子过程

（9）ImageList

（10）ImageList

（11）图像列表

（12）vbRightButton 或者 2

（13）vbShiftMask Or vbCtrlMask 或者 3

第 8 章
数据文件

8.1　知识要点

1. 基本概念

文件：存储在外存储器（如磁盘）上的用文件名标识的数据集合。所有文件都有文件名，文件名是处理文件的依据。

文件分类：根据文件的内容可分为程序文件和数据文件；根据存储信息的形式可分为 ASCII 码文件和二进制文件；根据访问模式可分为顺序文件、随机文件和二进制文件。

文件的读/写：将数据从变量（内存）写入文件（存放在外存上），称为输出，使用规定的"写语句"；将数据从文件（存放在外存上）读到变量（内存），称为输入，使用规定的"读语句"。

文件缓冲区：文件打开后，VB 为文件在内存中开辟了一个文件缓冲区。对文件的读/写都经过缓冲区。使用文件缓冲区的好处是提高文件的读/写速度。一个打开的文件对应一个缓冲区，每个缓冲区有一个缓冲区号，即文件号。

2. 顺序文件及操作

顺序文件的访问规则最简单，即按顺序进行访问。读数据时从头到尾按顺序读，写入时也一样，不可以跳过前面的数据而直接读/写某个数据。

写顺序文件时，各种类型的数据被自动转换成字符串后写入文件。因此，从本质上来说，顺序文件就是 ASCII 码文件，可以用记事本打开。

读顺序文件时，可以按原来的数据类型读，原来是什么类型，读出来仍然是什么类型；也可以按通常的文本文件来进行处理，即一行一行地读或一个字符一个字符地读。

顺序文件涉及的语句和函数如表 8.1 所示。

打开	Open	Open 文件名 For 模式 As［#］文件号	文件名可以是字符串常量，也可以是字符串变量
写文件	Print #	Print 文件号，输出列表	按标准输出格式输出数据
	Write #	Write #文件号，输出列表	按紧凑格式输出数据，即在数据项之间插入"，"，并给字符串加上双引号
读文件	Input #	Input #文件号，变量列表	变量可以是任何类型
	Line Input #	Line Input #文件号，字符串变量	读一行
关闭	Close #	Close #文件号	若省略文件号，则关闭所有的文件
其他	LOF	LOF(文件号)	返回文件的字节数
	EOF	EOF(文件号)	到达文件末尾时，EOF 为 True；否则为 False

▶表 8.1
　顺序文件的有关函数和语句

3. 随机文件及操作

随机文件：随机文件中每条记录的长度都是相同的，每条记录有唯一的记录号，按记录号进行读/写，以二进制的形式存放数据。随机文件适合直接对某条记录进行读/写操作。

记录：一般用 Type…End Type 定义记录类型，然后再声明记录变量。

定长字符串：随机文件中记录类型的字符串成员必须是定长的，声明时必须指明字符串长度。

打开文件：Open 文件名 For Random As #文件号［Len＝记录长度］

记录长度：通过 Len(记录变量)函数自动获得。

写文件：Put[#]文件号,[记录号]，变量名

读文件：Get[#]文件号,[记录号]，变量名

省略记录号则表示在当前记录后插入或读出一条记录。

4. 二进制文件及其操作

任何一个文件都可以当成二进制文件处理。二进制文件的访问单位是字节，而随机文件的访问单位是记录。当记录的长度为 1 时，随机文件就成为二进制文件。二进制文件的读/写使用与随机文件一样的函数：Get 和 Put。当一个程序需要处理不同类型的文件时(如文件复制、合并等)，往往把文件当成二进制文件来处理。

打开文件：Open 文件名 For Binary As #文件号

写文件：Put[#]文件号,[位置]，变量名

读文件：Get[#]文件号,[位置]，变量名

8.2 实验 8 题解

1. 编写如图 8.1 所示的应用程序。若单击"建立文件"按钮，则分别用 Print #和 Write #语句将 3 个同学的学号、姓名和成绩写入文件 Score1. dat 和 Score2. dat 中。若单击"读取文件"按钮，则用 Line Input 语句按行将两个文件中的数据存放到相应的文本框中。

图 8.1　运行效果

要求：学号和姓名是字符串类型，成绩是整型。

【实验目的】

掌握顺序文件的建立、读取，Print #、Write #语句的使用和区别。

【程序】

```
Sub Command1_Click( )
```

```
        Dim name $, spe $, age%
        Open "c:\t1.txt" For Output As #1
        Open "c:\t2.txt" For Output As #2
        For i = 1 To 3
            name = InputBox(" 输入姓名")
            spe = InputBox(" 输入专业")
            age = InputBox(" 输入年龄")
            Print #1, name, spe, age
            Write #2, name, spe, age
        Next i
        Close #1, #2
    End Sub
    Sub Command2_Click()
        Dim s
        Open "c:\t1.txt" For Input As #1
        Open "c:\t2.txt" For Input As #2
        Text1 = ""
        Text2 = ""
        Do While Not EOF(1)
            Line Input #1, st
            Text1 = Text1 & st & vbCrLf
        Loop
        Do While Not EOF(2)
            Line Input #2, st
            Text2 = Text2 & st & vbCrLf
        Loop
        Close #1, #2
    End Sub
```

2. 略。
3. 设计一个如图 8.2 所示的应用程序。

图 8.2　运行效果

要求如下：

① 单击"打开文件"按钮，弹出一个通用对话框，选择文件后显示在文本框中。

② 单击"保存文件"按钮，弹出一个通用对话框，确定文件名后保存。

③ 单击"查找下一个"按钮，则在文本文件中查找单词"程序设计"，找到后以高亮度显示。若再单击"查找下一个"按钮，则继续查找。

说明：高亮度显示的文本就是选定的文本。设置选定文本需要设置 SelStart 和 SelLength 属性。另外，单击"查找下一个"按钮时，焦点在 Command3 上，需要移到文本框上才能实现高亮度显示。

【实验目的】

掌握控件数组、通用对话框、文件存取、字符串查找等综合应用。

【分析】

该实验的主要难度是在文本框中查找特定的子串，并以高亮度显示，可通过 InStr 函数实现，用 SelStart、SelLength 属性实现高亮度显示。

【程序】

"打开文件"和"保存文件"按钮的功能留给读者自己完成，"查找下一个"按钮的事件代码如下：

```
Sub Command3_Click( )
    Text1. SetFocus
    Static j%                          ' 静态变量,保值,保留前一次查找到的位置
    j = InStr( j + 1, Text1, "VB" )     ' 从原来找到的"VB"的下一个字符起继续查找
    If j > 0 Then
        Text1. SelStart = j -1          ' 显示包括从 j 字符起的内容
        Text1. SelLength = 2
        j = j + 1
    Else
        MsgBox "找不到"
    End If
End Sub
```

4. 略。

5. 编写一个能将任意两个文件的内容合并的程序，程序界面由读者自己设计。

【实验目的】

掌握二进制文件的打开、读/写和关闭。

【分析】

（1）要使程序能处理任意类型的文件，一般来说，文件必须按二进制模式打开。

（2）程序的算法是：首先将第一个文件的内容写入第三个文件，然后将第二个文件的内容写入第三个文件中。

【程序】

将 t1. dat 和 t2. dat 合并成 t3. dat 的程序如下：

```
Dim char As Byte
Open "t1. dat" For Binary As #1         ' 按二进制模式打开 t1. dat
Open "t2. dat" For Binary As #2         ' 按二进制模式打开 t2. dat
Open "t3. dat" For Binary As #3         ' 按二进制模式打开 t3. dat
```

```
        Do While Not EOF(1)              ' 读出 t1. dat 的内容,写入 t3. dat
            Get #1, , char
            Put #3, , char
        Loop
        Do While Not EOF(2)              ' 读出 t2. dat 的内容,写入 t3. dat
            Get #2, , char
            Put #3, , char
        Loop
        Close #1, #2, #3                 ' 关闭文件
```

8.3 习题解答

主教材第 8 章习题。

1. 什么是文件？ASCII 码文件与二进制文件有什么区别？

解答：文件是指存放在外部介质上以文件名标识的数据的集合。ASCII 码文件存放的是各种数据的 ASCII 代码，可以用记事本打开；二进制文件存放的是各种数据的二进制代码，不可以用记事本打开，必须由专用程序打开。

2. 根据文件的访问模式不同，文件可分为哪几种类型？

解答：根据访问模式的不同，文件分成顺序文件、随机文件、二进制文件。顺序文件可按记录、按行、按字符数 3 种方式读出；随机文件以记录为单位读出；二进制文件以字节为单位读出。

3. 构造满足下列条件的 Open 语句。

（1）建立一个新的顺序文件 Seqnew. dat，供用户写入数据，指定文件号为 1。

（2）打开一个已有的顺序文件 Seqold. dat，用户从该文件中读出数据，指定文件号为 2。

（3）打开一个已有的顺序文件 Seqappend. dat，用户在该文件后面添加数据，文件号通过调用 FreeFile 函数获得。

解答：

（1）Open "Seqnew. dat" For Output As #1

（2）Open "Seqold. dat" For Input As #2

（3）Dim No%

No = FreeFile

Open "Seqappend. dat" For Append As #No

4. 写出程序代码片段，将文本文件 Text. dat 中的内容读入变量 strTest $ 中。

解答：有以下两种方式。

（1）按字符读

```
strTest = " "
Do While Not EOF(1)
    strTest = strTest + Input(1, #1)
Loop
```

（2）按行读

```
strTest=""
Do While Not EOF(1)
    Line Input #1, s
    strTest = strTest+s+vbCrLf
Loop
```

5. Print #和 Write #语句的区别是什么？各有什么用途？

解答：两种语句的区别是，后者将输出的数据项之间自动插入"，"，并给字符串加上双引号，以区分数据项和字符串类型；前者的数据项之间既无逗号分隔，字符串又无双引号引起。因此，若为了以后读取数据项方便，输出列表由多个数据项组成时，建议使用 Write #语句。

6. 说明 EOF( )函数的功能。

解答：EOF( )函数用于判断文件指针是否到文件结束标志。该函数在读取文件中的全部记录时很有用，作为循环结构中循环终止与否的标志。

7. 随机文件和二进制文件的读/写操作有何不同？

解答：随机文件以记录为单位读/写，二进制文件以字节为单位读/写。

8. 写出程序代码片段，将磁盘上的两个文件合并（提示：把它们作为二进制文件处理）。

解答：将文件合并成第三个文件的程序段如下。

```
Private Sub Command1_Click()
    Dim char As Byte
    Open "t1. dat" For Binary As #1
    Open "t2. dat" For Binary As #2
    Open "t3. dat" For Binary As #3
    Do While Not EOF(1)
        Get #1, , char
        Put #3, , char
    Loop
    Do While Not EOF(2)
        Get #2, , char
        Put #3, , char
    Loop
    Close #1, #2, #3
End Sub
```

9. 为什么有时不使用 Close 语句关闭文件会导致文件数据的丢失？

解答：对文件进行读/写操作时，VB 在内存开辟一个"文件缓冲区"，从文件中读取到内存数据区的内容、从内存数据区向文件中写入的内容都必须先送到缓冲区。使用"文件缓冲区"的好处是可提高文件对文件读/写的速度。

所以，实际上写语句是将数据送到缓冲区，关闭文件时才将缓冲区中的数据全部写入文件。不使用 Close 语句关闭文件将会导致文件数据的丢失。

8.4 常见错误和难点分析

1. 因文件名而导致文件打开失败

Open 语句中的文件名可以是字符串常量，也可以是字符串变量，若使用者概念不清，会导致文件打开失败并显示出错信息。

例如，若要从磁盘上读出文件 C:\My\T1.txt 中的数据，则应使用下列语句：

```
Open "C:\My\T1.txt" For Input As #1        ' 错误的书写形式是文件名两边少双引号
```

或

```
Dim F As String
F = "C:\My\T1.txt"
Open "F" For Input As #1                    ' 错误的书写方式是变量 F 两边多了双引号
```

2. 顺序文件没有关闭又被打开，显示"文件已打开"的出错信息

例如，下列程序段存在错误：

```
Open "C:\My\ T1.txt" For Output As # 1
Print #1, "VB 程序设计"
Open "C:\My\T1.txt" For Output As #2
Print #1, "C/C++ 程序设计"
```

当执行到第二个 Open 语句时会显示"文件已打开"的出错信息。

3. 随机文件的记录类型不定长，引起不能正常存取错误

随机文件以记录为单位存取，而且每条记录的长度必须固定，一般利用 Type 定义记录类型。当记录中的某个成员为 String 时，必须指定其长度；否则会影响文件的存取。

4. 如何读出随机文件中的所有记录

一般来说，随机文件按记录号读取。当需要读出全部记录时，则可以使用与读顺序文件相似的方式，采用循环结构加无记录号的 Get 语句，程序段如下：

```
Do While Not EOF(1)
      Get #1, , 记录变量
Loop
```

随机文件读/写时可不写记录号，表示读时自动读下一条记录，写时插入到当前记录后。

8.5 测试题

一、选择题

1. 下面关于顺序文件的描述中，正确的是_____。

（A）每条记录的长度必须相同

（B）可通过编程对文件中的某条记录方便地进行修改

（C）数据只能以 ASCII 码形式存放在文件中，所以可通过文本编辑软件显示

（D）文件的组织结构复杂

2. 下面关于随机文件的描述中，不正确的是_____。

（A）每条记录的长度必须相同

（B）一个文件中的记录号不必唯一

（C）可通过编程对文件中的某条记录方便地进行修改

（D）文件的组织结构比顺序文件复杂

3. 按存储信息的形式分类，可以将文件分为_____。

（A）顺序文件和随机文件　　　　（B）ASCII 码文件和二进制文件

（C）程序文件和数据文件　　　　（D）磁盘文件和打印文件

4. 顺序文件的特点是_____。

（A）文件中的每条记录按记录号从小到大排序

（B）文件中的每条记录按长度从小到大排序

（C）文件中的每条记录按某关键数据项从大到小排序

（D）记录是按进入的先后顺序存放的，也是按原写入的先后顺序读出的

5. 随机文件的特点是_____。

（A）文件中的内容是通过随机数产生的

（B）文件中的记录号通过随机数产生的

（C）可根据记录号对文件中的记录随机地进行读/写

（D）文件中的每条记录的长度是随机的

6. 文件号最大可取的值为_____。

（A）255　　　　　（B）511　　　　　（C）512　　　　　（D）256

7. Print #1,Str1$中的 Print 是_____。

（A）文件的写语句　　　　　　　（B）在窗体上显示的方法

（C）子程序名　　　　　　　　　（D）以上均不是

8. 为了建立一个随机文件，其中每一条记录由多个不同数据类型的数据项组成，应使用_____。

（A）记录类型　　　　　　　　　（B）数组

（C）字符串类型　　　　　　　　（D）变体类型

9. 要从磁盘上读入一个文件名为 C:\t1.txt 的顺序文件，在如下语句中，_____是正确的。

（A）F = "C:\t1.txt"

　　　Open F For Input As #1

（B）F = "C:\t1.txt"

　　　Open "F" For Input As #2

（C）Open "C:\t1.txt" For Output As #1

（D）Open C:\t1.txt For Input As #2

10. 要在磁盘上新建一个文件名为 C:\t1.txt 的顺序文件，在如下语句中，_____是正确的。

（A）F = "C:\t1.txt"

　　　Open F For Append As #2

（B）F = "C:\t1.txt"

Open "F" For Output As #2

（C）Open C：\t1. txt For Output As #2

（D）Open "C：\t1. txt" For Output As #2

11. 全局记录类型定义语句应出现在_____。

（A）窗体模块中　　　　　　　　　（B）标准模块中

（C）窗体模块、标准模块中都可以　（D）窗体模块、标准模块中均不可以

12. 要建立一个学生成绩的随机文件，定义学生的记录类型，由学号、姓名、三门课程成绩（百分制）组成，下列程序段中，_____是正确的。

（A）Type stud

    no As Integer

    name As String

    mark（1 To 3）As Single

  End Type

（B）Type stud

    no As Integer

    name As String ＊ 10

    mark（ ）As Single

  End Type

（C）Type stud

    no As Integer

    name As String ＊ 10

    mark（1 To 3）As Single

  End Type

（D）Type stud

    no As Integer

    name As String ＊ 10

    mark（1 To 3）As String

  End Type

13. 为使用上述定义的记录类型，通过赋值语句来获得一个学生的各数据项，其值分别为 9801、"李平"、78、88、96，在如下程序段中，_____是正确的。

（A）Dim s As stud

  stud. no ＝ 9801

  stud. name ＝ "李平"

  stud. mark ＝ 78，88，96

（B）Dim s As stud

  S. no ＝ 9801

  S. name ＝ "李平"

  S. mark ＝ 78，88，96

（C）Dim s As stud

  s. no ＝9801

  s. name ＝ "李平"

  s. mark（1）＝ 78

  s. mark（2）＝ 88

  s. mark（3）＝ 96

（D）Dim s As stud

  stud. no ＝9801

  stud. name ＝ "李平"

  stud. mark（1）＝ 78

  stud. mark（2）＝ 88

  stud. mark（3）＝ 96

14. 对于已定义好的学生记录类型，要在内存中存放 10 个学生的学习情况，声明如下数组：

    Dim s10（1 to 10）As Stud

要表示第 3 个学生的第 3 门课程和该生的姓名，在下列语句中，_____是正确的。

（A）s10（3）. mark（3），s10（3）. Name

（B）s3. mark（3），s3. Name

（C）s10（3）. mark，s10（3）. Name

（D）With s10（3）

    . mark

```
            . Name
        End With
```

15. 要建立一个学生成绩的随机文件，文件名为 stud. dat，该文件仅由第 14 题赋了值的一条记录组成，在如下程序段中，_____是正确的。

（A）Open "stud. dat" For Random As #1　　（B）Open "stud. dat" For Random As #1
　　　Put #1，1，stud　　　　　　　　　　　　　　Put #1，1，s
　　　Close #1　　　　　　　　　　　　　　　　　Close #1

（C）Open "stud. dat" For Output As #1　　　（D）Open "stud. dat" For Random As #1
　　　Put #1,1,s　　　　　　　　　　　　　　　　Put #1 s
　　　Close #1　　　　　　　　　　　　　　　　　Close #1

二、填空题

1. 建立一个顺序文件，文件名为 C:\stud1. txt，内容来自文本框，每按一次 Enter 键写入一条记录，然后清除文本框中的内容，直到在文本框内输入 END 字符串为止。

```
Private Sub Form_Load()
    ____(1)____
    Text1 = ""
End Sub


Private Sub Text1_KeyPress(KeyAscii As Integer)
    If KeyAscii = 13 Then
        If ____(2)____ Then
            Close #1
            End
        Else
            ____(3)____
            Text1 = ""
        End If
    End If
End Sub
```

2. 将 C 盘根目录下的一个文本文件 old. dat 内容复制到新文件 new. dat 中，并利用文件操作语句将 old. dat 文件从磁盘上删除。

```
Private Sub Command1_Click()
    Dim str1 $
    Open "C:\old. dat" ____(4)____ As #1
    Open "C:\new. dat" ____(5)____
    Do While ____(6)____
        ____(7)____
        Print #2, str1
    Loop
    ____(8)____
    ____(9)____
```

```
        End Sub
```

3. 将文本文件 t. txt 合并到 t1. txt 文件中。

```
    Private Sub Command1_Click( )
        Dim s $
        Open "t1. txt" _____(10)_____
        Open "t. txt" _____(11)_____
        Do While Not EOF(2)
          Line Input #2, s
          Print #1, s
        Loop
        Close #1, #2
    End Sub
```

4. 修改随机文件。对已建立的有若干条记录的随机文件 C: \stud. dat（记录类型见本章选择题中的第 12 题），读出记录号为 5 的那条记录显示在窗体上，然后将其第 2 门课程成绩加 5 分，再写入原记录的位置并读出，最后显示修改是否成功。

```
    Private Sub Command1_Click( )
        Dim s As stud, _____(12)_____
        Open "C: \stud. dat" For Random As #1
        _____(13)_____
        Print s. no, s. name, s. mark(1), s. mark(2), s. mark(3)
        _____(14)_____
        Put #1, 5, s
        _____(15)_____
        Print d. no, d. name, d. mark(1), d. mark(2), d. mark(3)
        Close #1
    End Sub
```

5. 修改顺序文件。文本文件 C: \my \zg. txt 中存放了职工的工资和职称情况，每条记录由工号、工资、职称组成，之间用逗号分隔。现对有职称的职工加工资，规定对教授或副教授为其增加原有工资的 15%，讲师增加原有工资的 10%，助教增加原有工资的 5%，其他人员不加工资。本程序要求根据加工资的条件修改原文本文件内各类人员的相应工资。

【分析】

由于文本文件不能直接进行修改，只能增加一个临时文件，依次从老文件中读出内容，判断是否满足要修改的条件，若不修改，则将原内容写到临时文件中；若修改，则将新内容写入临时文件中，直到文件结束。

然后通过临时文件将内容重新依次写回到老文件中，当然也可通过 VB 提供的文件操作命令删除老文件，将临时文件改名为老文件或将临时文件复制为老文件。

由此可见，在顺序文件中修改某一条记录比较麻烦，但适合批量数据的整体修改或处理。

```
    Private Sub Command1_Click( )
        Dim no%, gz!, zc $
```

```
Open "C:\my\zg. txt" For Input As #1
Open "C:\my\lszg. txt" For Output As #2
Do While Not EOF(1)
    _____(16)_____
    Select Case zc
        _____(17)_____
    gz= gz *1. 15
    Case "讲师"
        _____(18)_____
    Case "助教"
    gz= gz *1. 05
    End Select
    _____(19)_____
Loop
Close #1, #2
Open "c:\my\zg. txt"  _____(20)_____
Open "c:\my\lszg. txt"  _____(21)_____
Do While Not EOF(2)
    Input #2, no, gz, zc
    _____(22)_____
Loop
Close #1, #2
End Sub
```

6. 统计文本文件中各个字母出现的个数（大小写不区分），显示出现过的字母和出现的次数，如图 8.3 所示。

```
Sub Command1_Click()
Dim Str As String
Text1. Text = ""
CommonDialog1. ShowOpen
Open _____(23)_____ For Input As #1
Do While Not EOF(1)
    Line Input #1, Str
    Text1. Text = Text1. Text & Str & vbCrLf
Loop
Close #1
End Sub
Sub Command2_Click()
Dim i%, j%, s%(26), c $
For i=1 To _____(24)_____
    c = UCase(Mid(Text1. Text, i, 1))
    If c >= "A" And c <= "Z" Then
        j = _____(25)_____
        s(j) = s(j) + 1
```

```
        End If
    Next i
    Text2. Text = "出现的字母及个数:" & vbCrLf
    For i = 0 To 25
        If s(i) <> 0 Then
            Text2. Text = Text2. Text & Chr(i + Asc("A")) & ":" & s(i) & vbCrLf
        End If
    Next i
End Sub
```

图 8.3　统计文本文件中出现的字母及个数的程序运行界面

8.6　测试题参考答案

一、选择题

1. C

2. B

3. A　B 为数据存放形式；C 为文件存放内容；D 为文件存取方式。

4. D

5. C　随机文件的特点是，每条记录等长，且有一个唯一的记录号，通过记录号存取所需的记录。随机文件类似于数组，数组通过下标来唯一地标识该元素，存取所需的元素。

6. B

7. A　与 Print 方法的不同之处是，Print 语句前不能有任何对象，后面有#文件号；而 Print 方法有对象，默认为窗体。两者作用都是将内容在外部介质上显示或保存。

8. A

9. A　欲打开的文件名可以是字符串常量，使用时要加引号；也可以是字符变量，表示文件名存放在该变量内，使用时可不要引号。

　　打开顺序文件方式：读入为 Input，写为 Output，追加为 Append，不能搞错。

10. D　原因同上。

11. B 这是规定。在窗体模块中只能定义 Private 记录类型。

12. C 在随机文件中，记录是等长的。而 A 中 name 字符串的长度没有规定，不允许；B 中 mark 是动态数组，也不允许；D 中 mark 是字符串类型，并且长度没有规定。

13. C 弄清楚记录变量名和记录类型名的区别。

记录类型变量声明语句：Dim S As Stud

语句类似于一般变量声明语句：Dim i As Integer

其中，S、i 分别是记录变量、整型变量，声明时系统根据不同的类型分配所需的存储空间，存放数据；Stud、Integer 是类型，前者是用户自定义的类型，后者是系统提供的标准类型。

14. A S10 是记录类型的数组名，其每个元素是记录类型；访问记录数组中某元素的某数据项，表示方法如下：

数组名(下标). 数据项

若数据项又是数组,则表示为:数组名(下标). 数据项(下标)

B 错误在于 s3 不是数组名；C 中 mark 是数组名；D 是对记录类型变量书写的简化，其效果等同于 C，因此与 C 的错误相同。

15. B A 中 Put #1,1,stud 的 stud 是类型，不是变量。

C 是 For 后存取方式的问题，随机文件应使用 Random。

D 的随机文件读/写应有记录号，若取默认值，则表示当前记录的下一条记录，但逗号占位符不能省，即应为 Put #1, ,s。

二、填空题

(1) Open "C:\stud1. txt" For Output As #1

(2) UCase(Text1) = "END"　　　大小写均可满足，程序可操作性强。

(3) Print #1, Text1　　　将文本框中的内容写到文件中。

(4) For Input　　　以读入方式打开。

(5) For Output As #2　　　以写方式打开。

(6) Not EOF(1)　　　文件没有到结束标志处。

(7) Line Input #1, str1　　　按行读入到字符串变量中。

(8) Close #1, #2

(9) Kill "C:\old. dat"　　　删除老文件。

(10) For Append As #1　　　以追加方式打开，使原内容不被擦除，加在其后面。

(11) For Input As #2

(12) d As stud

(13) Get #1, 5, s　　　读入记录号为 5 的记录，放入 s 记录变量中。

(14) s. mark(2) = s. mark(2) + 5　第 2 门课程加 5 分。

(15) Get #1, 5, d　　　读入记录号为 5 的记录，放入 d 记录变量中，检验是否修改成功。

(16) Input #1, no, gz, zc

(17) Case "教授", "副教授"　　　判断职称是教授还是副教授。

（18）gz = gz * 1.1   职称为讲师，加 10%工资。

（19）Write #2, no, gz, zc

（20）For Output As #1

（21）For Input As #2

（22）Write #1, no, gz, zc

（23）CommonDialog1. FileName

（24）Len(Text1. Text)

（25）Asc(c) − Asc("A")

第 9 章
ADO 数据库编程基础

9.1　知识要点

1. 关系型数据库模型

关系型数据库模型把数据用表的集合表示，表可看作一组行和列的组合。表中的每一行被称为一条记录，表中的每一列被称为一个字段。每个表都应有一个主关键字，主关键字可以是表的一个字段或字段的组合，且对表中的每一行都唯一。

关系型数据库可分为单表数据库和多表数据库。在多表数据库中表与表之间按记录内容可以相互关联。

2. 结构化查询语言（SQL）

常用结构化查询语句如表 9.1 所示。

常用 SQL 语句	描　　述
Select	查找记录，例如，Select * From 学生表 Where 专业 ='计算机'
Delete	删除记录，例如，Delete 学生表 Where 学号 = '10016101'
Update	修改记录，例如，Update 学生表 Set 专业 = '计算机' Where 学号 = '10016101'
Insert	插入记录，例如，Insert into 学生表(姓名，学号) Values ('李力', '10016101')

▶表 9.1　常用结构化查询语句

用 SQL 对数据的处理，最常见的是从数据库中获取数据。从数据库中获取数据称为查询数据库，查询数据库通过使用 Select 语句来实现。常见的 Select 语句的语法形式为

Select 字段表 From 表名 Where 查询条件 Group By 分组字段 Order By 字段［ASC|DESC］

3. Adodc 数据控件

Adodc 数据控件是用于连接数据库内数据源的对象。它是一种 ActiveX 对象，独立于开发工具和开发语言的简单且容易使用的数据接口，采用了被称为 OLE DB 的数据访问模式，几乎所有的数据源都可以通过 Adodc 控件来访问。使用 Adodc 控件与数据库的连接需通过它的基本属性。Adodc 控件常用属性、方法和事件如表 9.2 所示。

属性/方法/事件	描　　述
ConnectionString	包含了用于与数据源建立连接的相关信息
CommandType	用于确定 RecordSource 可选取的类型，常用表类型或命令类型
RecordSource	确定具体可访问的数据，可以是一个表，也可以是一个 SQL 语句
Refresh 方法	刷新 Adodc 控件的连接属性，并能重建记录集对象
MoveComplete 事件	当记录指针移动（如利用 4 个方向移动按钮）时发生

▶表 9.2　Adodc 控件常用属性、方法和事件

4. 数据绑定

在 VB 中，数据控件不能直接显示数据源中的数据，必须通过控件来实现，这些控件称为绑定控件。数据绑定是一个过程，即在运行时自动为与记录集元素关联的控件设置属性。

Windows 窗体可以进行两种类型的数据绑定：单字段的数据绑定和多字段的数据

绑定。

（1）单字段的数据绑定

单字段的数据绑定就是将控件绑定到单个数据字段，每个控件仅显示数据集中的一个字段值。能实现单字段的数据绑定的控件通常是 VB 内置控件，其绑定设置如表 9.3 所示。

控 件 属 性	绑定控件属性说明
DataSource	用于设置绑定的数据源（一个有效的数据控件对象）
DataField	指定记录集中的一个字段

◀表 9.3
单字段的数据绑定控件属性设置

（2）多字段的数据绑定

多字段的数据绑定允许将多个数据元素绑定到一个控件，同时显示记录源中的多行或多列。常用的数据绑定控件是 DataGrid，其属性设置如表 9.4 所示。

控 件	属 性	说 明
DataGrid	DataSource	用于设置绑定的数据源

◀表 9.4
多字段的数据绑定控件属性设置

5. 记录集对象

记录集（Recordset）对象表示的是来自基本表或命令执行的结果的集合（例如一个查询的结果就是一个记录集）。所有 Recordset 对象都是由记录（行）和字段（列）构成，可以把它当作一个数据表来进行操作。

在 VB 中，由于数据库内的表不允许直接访问，只能通过记录集对象进行操作和浏览，因此，记录集是一种浏览数据库的工具。

（1）数据导航

对数据记录的浏览，主要通过记录集的属性与方法实现，记录集常用属性与方法如表 9.5 所示。

属性/方法	描 述
AbsolutePosition	返回当前指针值，第 n 条记录的 AbsolutePosition 属性值为 n
BOF 和 EOF	BOF 判定记录指针是否在首记录之前，EOF 判定指针是否在末记录之后
RecordCount	返回记录集对象中的记录数，该属性为只读
Move 方法组	遍历整个记录集（MoveFirst、MoveLast、MoveNext、MovePrevious）
Find 方法	在记录集内查找与指定条件相符的第一条记录

◀表 9.5
记录集常用属性与方法

（2）数据库记录的编辑方法

数据库记录的新增、删除、修改操作通过调用 AddNew、Delete、Update 方法完成。它们的语法格式为

数据控件 . 记录集 . 方法名

9.2 实验9题解

1. 在窗体上建立 Adodc 和 DataGrid 控件，通过手动方式建立一个简单信息浏览应用程序，如图 9.1 所示。

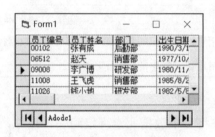

图 9.1 信息浏览运行界面

【实验目的】

掌握 Adodc 数据控件的使用方法；掌握 DataGrid 控件的绑定设置的方法。

【分析】

（1）数据库文件为 PerInc. accdb，有两个表：员工信息表 Personal、员工收入表 Income。

（2）Adodc 数据控件从数据库中选择数据构成记录，并与 DataGrid 控件绑定后，可直接改变 DataGrid 控件的内容，只要移动记录指针（单击数据控件上的箭头按钮）就可将修改的数据写入数据库。

（3）具体操作参见主教材第9章例9.1。

2. 在窗体上建立 Adodc 和 DataGrid 控件，利用代码实现，建立与上题同样效果的一个简单信息浏览应用程序。

【实验目的】

掌握利用代码实现 Adodc 控件和数据源的连接、Adodc 控件和 DataGrid 控件的绑定方法。

【分析】

用代码实现是开发数据库应用程序的基本要求。利用 Adodc 控件的属性简化了与数据源的连接；利用 DataGrid 控件的属性将数据源记录集的数据在界面上可视化。

【程序】

```
Private Sub Form_Load()    ' 该事件过程用代码完成数据库的连接，并将 DataGrid 绑定到 Adodc1
                           ' 连接到与工程同一文件夹下的 classes. accdb 数据库文件

    Adodc1. ConnectionString = "Provider=Microsoft. ACE. OLEDB. 12. 0;Data Source=PerInc. accdb"

    Adodc1. CommandType = adCmdTable         ' 设置为单个表名

    Adodc1. RecordSource = "Personal "       ' 初始表默认设置

    Adodc1. Refresh

    Set DataGrid1. DataSource = Adodc1. Recordset

                           ' 设置 DataGrid 控件的 DataSource 属性为 Adodc1,实现数据绑定

End Sub
```

注意：代码连接数据库，一定要注意 Adodc1. ConnectionString 的连接字符串属性的正确书写、数据库文件的扩展名和数据库文件存放的路径。

3. 在窗体上建立 Adodc 和若干文本框、标签控件和 1 个 DTPicker 日历控件，使用单字段绑定方法，用以浏览 PerInc. accdb 数据库中 Personal 表的内容，如图 9.2 所示。

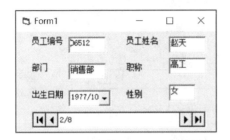 

图 9.2 单字段绑定的员工信息浏览界面

【实验目的】

掌握 Adodc 数据控件的使用方法；掌握文本框或组合框控件的绑定设置方法。

【分析】

（1）理解单字段的数据绑定，本例通过手动方式在属性窗口建立文本框与数据控件的数据字段的连接，即对显示控件如 Text1 的 DataSource 设置为 Adodc1，DataField 设置为"员工编号"，如图 9.3 所示，以便显示数据。

（2）理解数据控件的记录集对象的记录数和当前记录的属性。

【代码】

```
Private Sub Adodc1_MoveComplete( ByVal adReason As ADODB. EventReasonEnum, ByVal pError _
    As ADODB. Error, adStatus As ADODB. EventStatusEnum, ByVal pRecordset _
    As ADODB. Recordset)
    Adodc1. Caption = Adodc1. Recordset. AbsolutePosition & "/" & Adodc1. Recordset. RecordCount
End Sub
```

思考：文本框数据显示控件与 Adodc 数据控件连接不是通过手动方式时，代码如何实现？

只要将手工设置改为代码实现即可，例如对 Text1，可改为

```
Set Text1. DataSource = Adodc1
Text1. DataField = "员工编号"
```

其余字段依此类推。

4. 在实验 3 的基础上，增加 Command 命令按钮数组控件（当然也可以有 4 个命令按钮，则要 4 个事件过程），对员工信息进行维护，如图 9.3 所示。

【实验目的】

了解记录集常用属性和方法；掌握记录集对象 AddNew、Delete、Update 的使用方法。

【分析】

利用 Adodc 数据控件本身具有的新增、删除和修改功能对数据维护，用 Command 命令按钮实现操作更方便。这时 Adodc 控件仅作为与数据源的连接，运行时可以将其 Visible

或者 Enabled 属性设置为 False。

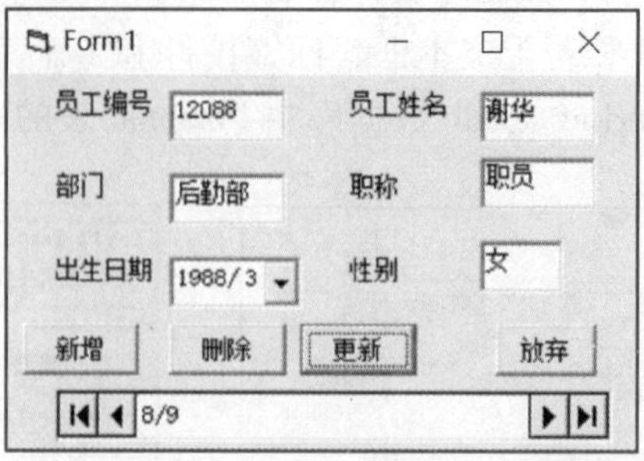

图 9.3　对员工信息维护运行效果

Command 命令按钮如为 4 个，可使用控件数组，减少事件过程，通过事件过程 Command1_Click(Index As Integer)中参数 Index 决定所按的按钮。

【代码】

```
Private Sub Command1_Click(Index As Integer)
    Dim ask As Integer
    Select Case Index
    Case 0
        Adodc1. Recordset. AddNew                ' 调用 AddNew 方法
    Case 1
        ask = MsgBox("删除否?", vbYesNo)         ' MsgBox 对话框出现 Yes、No 按钮
        If ask = 6 Then                          ' 选择了 MsgBox 对话框中 Yes 按钮
            Adodc1. Recordset. Delete            ' 调用 Delete 方法
            Adodc1. Recordset. MoveNext          ' 移动记录指针刷新显示
            If Adodc1. Recordset. EOF Then Adodc1. Recordset. MoveLast
        End If
    Case 2
        Adodc1. Recordset. Update                ' 调用 Update 方法
    Case 3
        Adodc1. Recordset. CancelUpdate          ' 调用 CancelUpdate 方法
    End Select
End Sub
```

5. 设计一个实现查询的程序。要求对 Personal 表进行如图 9.4 所示的功能查询。

（1）输入部门，显示该部门的员工信息；

（2）实现员工姓名的模糊查询。

【实验目的】

掌握数据查询程序设计的方法；掌握使用 SQL 语句设置 RecordSource 的方法。

【分析】

做到此实验，读者对数据库的连接、数据的显示都应该掌握了。本实验的目的是学会书写具有交互功能的 Select 查询命令，尤其是模糊查询的正确书写。

为便于读者的正确书写，可以根据查询要求，先在 Access 环境中直接书写具有常量

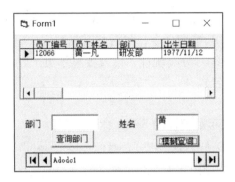

图 9.4　员工信息查询界面

表示的 Select 查询命令，然后将命令复制到 VB 程序代码对应处，并用文本框变量替换相应的查询常量。

【代码】

```
Private Sub Command2_Click( )
    If Text2 > " " Then                        ' 根据 SQL 命令设置数据源
        Adodc1. RecordSource = "Select * From Personal    Where 员工姓名 Like'%" & _
        Text2. Text & " %'"
        Adodc1. Refresh                        ' 用 Refresh 方法激活
    End If
End Sub
```

Command1_Click( )事件过程自行完成。

6. 设计一个实现统计的程序。要求对 Personal 表进行功能统计，如图 9.5 所示。

（1）显示各类职称的平均年龄和人数。

（2）显示每位员工编号、员工姓名、月平均收入和月平均津贴。

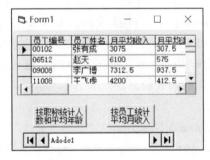

图 9.5　对员工信息统计界面

【实验目的】

掌握数据分类统计程序设计的方法；掌握使用 SQL 语句设置 RecordSource 的方法。

【分析】

该程序涉及 3 个数据库访问对象：Connection、DataAdapter 和 DataSet，窗体界面用到 DataGridView 网格控件显示查询的结果。3 个查询用到的对象相同，可在过程外创建模块级变量，在过程体内共享。

（1）统计与查询相同，也是正确地构建 SQL 语句。为方便程序的调试，可先在 Access 环境内构建正确的 SQL 查询命令，然后将其粘贴到代码的 SQL 字符串变量内。

（2）对于两表中按员工编号分类统计，以及要显示员工姓名时，则要在员工姓名前加 First 函数，即 First(员工姓名)。

【代码】

职称分类的人数和平均年龄统计的 Select 命令如下：

> Select 职称, count(*) As 人数, AVG(year(now( ))-year(出生日期)) As 平均年龄
> From Personal Group By 职称

（2）的命令略。

7. 两表关联查询，通过选中 List1 中的员工姓名，在网格控件中显示员工的姓名、员工编号、月份和基本收入，如图 9.6 所示。

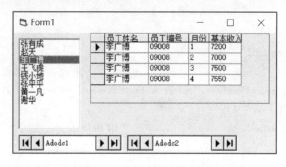

图 9.6　两表关联查询界面

【实验目的】

掌握绑定控件 DataGrid、List 的使用方法；掌握使用 SQL 语句实现两表查询的方法。

【分析】

（1）在窗体上建立两个 Adodc 控件、一个 DataGrid 控件和一个 List 控件。Adodc1 控件连接 Personal 表并与 List1 关联，Adodc2 控件连接 Income 表并与 DataGrid1 控件关联。

（2）List1 的内容在 Form_Load 事件里通过循环获得员工姓名。

（3）当选中 List1 的某员工姓名时，通过两表连接的 SQL 命令在 DataGrid1 网格控件中显示该员工的收入信息。

【代码】

```
Private Sub Form_Load( )
        Adodc1. RecordSource = "Select 员工姓名 from Personal"
        Adodc1. Refresh
        List1. Clear
        Do While Not Adodc1. Recordset. EOF
            List1. AddItem Adodc1. Recordset. Fields(0)
            Adodc1. Recordset. MoveNext
        Loop
    End Sub
    Private Sub List1_Click( )
      SQL = "SELECT 员工姓名,Personal. 员工编号,月份,基本收入    FROM Personal,Income"
```

```
        SQL = SQL & " where Personal. 员工编号=Income. 员工编号 and 员工姓名='" & List1. Text & "'"
        Adodc2. RecordSource = SQL
        Adodc2. Refresh
    End Sub
```

9.3 习题解答

主教材第 9 章习题。

1. 简述使用 Adodc 数据控件访问数据库的步骤。

解答：首先使用 Adodc 数据控件建立与数据库的连接。其次使用命令对象对数据库发出 SQL 命令，从数据库中选择数据构成记录集。最后应用程序对记录集进行操作。

2. 什么是数据绑定？怎样实现控件的数据绑定？

解答：在 Visual Basic 中，Adodc 数据控件不能直接显示记录集对象中的数据，必须通过能与其绑定的控件来实现。数据绑定是一个过程，即在运行时自动为与记录集中的元素关联的控件设置属性。Windows 窗体可以进行两种类型的数据绑定：单字段的数据绑定和多字段的数据绑定。绑定控件通过 Adodc 数据控件使用记录集中的数据，再由 ADO 控件将记录集连接到数据库内的数据表。要使绑定控件能自动连接到记录集的某个字段，通常需要对控件的两个属性进行设置。

（1）DataSource 属性：通过指定一个有效的 Adodc 数据控件将绑定控件连接到数据源。

（2）DataField 属性：设置记录集中有效的字段，使绑定控件与其建立联系。

3. 如何用代码实现记录指针的移动？

解答：MoveFirst 方法移至第一条记录，MoveLast 方法移至最后一条记录，MoveNext 方法移至下一条记录，MovePrevious 方法移至上一条记录。

4. 如何实现对记录集的增、删、改功能？

解答：对记录集数据的增、删、改操作涉及 AddNew、Delete、Update 和 CancelUpdate 4 个方法。

增加一条新记录通常要经过以下 3 步：

（1）调用 AddNew 方法，在记录集内增加一条空记录。

（2）给新记录各字段赋值。可以通过绑定控件直接输入，也可使用程序代码给字段赋值。

（3）调用 Update 方法，确定所做的添加，将缓冲区内的数据写入数据库。

从记录集中删除记录通常要经过以下 3 步：

（1）定位被删除的记录使之成为当前记录。

（2）调用 Delete 方法。

（3）移动记录指针。

Adodc 数据控件有较高的智能，当改变数据项的内容时，ADO 自动进入编辑状态，在对数据编辑后，只要改变记录集的指针或调用 Update 方法，即可确定所做的修改。

5. 简述 SQL 中常用的 Select 语句的基本格式和用法。

解答：Select 语句常用的语法形式为

Select 目标表达式列表 From 表名

［Where 查询条件］

［Group By 分组字段 Having 分组条件］

［Order By 排序关键字段［ASC｜DESC］］

其中 Select 和 From 子句是必须的，通过使用 Select 语句返回一个查询结果。

6. 在 Select 语句中如何用分组实现统计？

解答：在 Select 语句目标表达式列表中使用合计函数，包含在 Group By 短语中的字段（可以多个）为分组依据。例如

Select 专业,性别,count（＊）As 人数 From 基本情况　Group By 专业,性别

产生如图 9.7 所示结果。

专业	性别	人数
▶ 计算机	女	2
数学	男	2
数学	女	1
物理	男	2
物理	女	1

图 9.7　分组统计结果

7. 如何用 ADO 对象实现数据库连接、创建记录集对象，并实现数据绑定？

解答：

（1）创建连接对象 cnn 和记录集对象 rs

　　Dim cnn As New ADODB. Connection

　　Dim rs As New ADODB. Recordset

（2）定义连接参数，打开连接

　　strcnn ＝ "Provider＝Microsoft. ACE. OLEDB. 12. 0;Data Source＝PerInc. accdb. accdb"

　　cnn. Open strcnn

（3）定义命令参数，产生记录集

　　strsql ＝"Select ＊ FromPersonal "

　　rs. Open strsql, cnn, adOpenDynamic, adLockOptimistic

（4）数据绑定

　　Set Text1. DataSource ＝ rs

　　Text1. DataField ＝ "员工姓名"

9.4　常见错误和难点分析

1. 不能绑定到字段

绑定控件 DataField 属性设置的字段在记录集中不存在，运行时将产生不能绑定到字段或数据成员的错误，如图 9.8 所示。可检查数据表，重新指定字段。

2. 绑定控件无法获取记录集内的数据

数据控件的连接设置必须先与绑定控件的 Data-

图 9.8　不能绑定到字段

Source 和 DataField 属性设置；否则绑定控件无法获取记录集内的数据，通常会给出"未发现数据源名称并且未指定默认驱动程序"的错误提示，如图 9.9 所示。OLE DB 类型的绑定控件的 DataSource 只能使用 Adodc 数据控件。

图 9.9　未发现数据源名称

3. 记录删除后被删记录还显示在屏幕上

执行了 Delete 命令删除记录后，屏幕上显示的内容还是被删除的那一条记录，必须移动记录指针才能刷新屏幕。

4. 条件正确，Find 方法找不到所要的记录

采用 Find 方法查找，必须指明查找的出发点。如果不指明，则从当前位置开始查找。另外，Find 方法查找还与查找方向有关。

5. 在更新表内数据时，产生错误，数据无法写入

在更新表内数据时，产生如图 9.10 所示的多步操作错误，其原因可能是数据类型不正确，字段长度太小或索引不唯一。

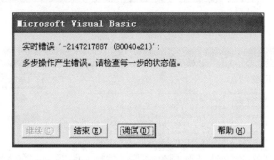

图 9.10　多步操作错误

6. 含有数据库的应用程序复制到其他地方，出现找不到文件的错误

可能是数据库文件没有复制下来，或程序中数据库的连接采用的是绝对路径。建议将数据库文件和程序文件放在同一文件夹中，用 Adodc 控件连接数据库时一定采用相对路径，或用代码实现连接。

7. 一个正确的数据库应用程序，在换了计算机后无法运行

一个正确的数据库应用程序，在换了计算机后，有时运行时出错，弹出"过程声明与同名事件或过程的描述不匹配"窗口，如图 9.11 所示，导致程序无法运行。该问题有可能是由于 ADO 对象库的引用版本不同而产生的问题；也有可能由于不同计算机上可能安装了 VB 不同的补丁包造成描述不匹配。

解决的办法是打开引用窗口，检查当前工程使用了什么版本的 ADO 对象库。图 9.12 所示使用了 VB 补丁包 SP5 中的 msado 2.5 版，可改用 VB 系统内置的 2.0 版，如图 9.13 所示。

图 9.11 ADO 对象引用出错

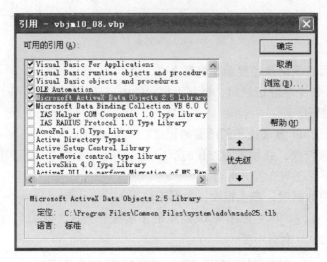

图 9.12 ADO 对象库 2.5 版

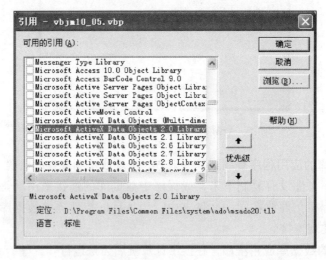

图 9.13 ADO 对象库 2.0 版

8. 数据控件的 RecordSource 属性重新设置后，记录集无变化

数据控件的 RecordSource 属性重新设置后，必须用 Refresh 方法激活这些变化；否则数据控件连接的数据源还是原来的记录集。

9. SQL 语句出错

（1）在 ADO 对象通过 SQL 语句选择数据源时，CommandType 属性必须指定记录源类型为 adCmdUnknown 或 adCmdText；否则会产生"From 子句语法错"。

（2）使用 SQL 语句时，必须保证各关键字与前后内容之间用空格分开。特别是当 SQL 语句的内容较长时，为便于阅读程序，将语句分割成几部分通过字符拼接构成一条完整的 SQL 语句时，更要注意空格的使用。

（3）在 SQL 语句中使用字段名时，若字段名中存在空格，必须在字段名两侧加上方括号。

（4）在多表操作中，当两个表中具有相同的字段时，可以从中任意选取一个，但必须在字段名前加上表名前缀，表名与字段之间的连接必须用西文符号"."。

10. DataList 列表区段不显示记录集的内容

DataList 和 DataCombo 控件与标准控件 ListBox 和 ComboBox 的不同之处在于，ListBox 和 ComboBox 控件中的列表需要在程序中通过调用 AddItem 方法填充数据得到，而 DataList 和 DataCombo 控件是直接从与它相连的 ADO 控件的记录集对象的字段中取得数据，并自动填充到列表中。在操作时需先设置 RowSource 属性，指定数据控件，然后 ListField 才能从数据控件中取得相关的字段信息。

9.5　测试题

一、选择题

1. 在下列字符串中，_____不包含在 Adodc 数据控件的 ConnectionString 属性内。

（A）Provider＝Microsoft. ACE. OLEDB. 12. 0

（B）Data Source＝C：\ Mydb. accdb

（C）Persist Security Info＝False

（D）2-adCmdTable

2. 数据控件的 Adodc1_MoveComplete 事件发生在_____。

（A）移动记录指针前　　　　　　（B）修改与删除记录前

（C）记录成为当前记录前　　　　（D）记录成为当前记录后

3. 在记录集中用 Find 方法向后进行查找，如果找不到匹配的记录，则记录定位在_____。

（A）首记录之前　　　　　　　　（B）末记录之后

（C）查找开始处　　　　　　　　（D）随机位置

4. 下列_____组关键字是 Select 语句中不可缺少的。

（A）Select、From　　　　　　　（B）Select、Where

（C）From、Order By　　　　　　（D）Select、All

5. 设置 Adodc 数据控件 RecordSource 属性为数据库中的单个表名，则 CommandType 属性需设置为_____。

（A）adCmdText　　　　　　　　（B）adCmdTable

（C）adCmdStoredProc　　　　　　（D）adCmdUnknown

6. 假定数据库 Student. accdb 含有学生成绩表和基本情况表，如果数据控件 Adodc1 在设计时已连接了数据库 Student. accdb 中的学生成绩表，执行下列 Form_Click 事件后，将发生_____。

```
Private Sub Form_Click( )
        Adodc1. RecordSource = "基本情况"
End Sub
```

（A）程序提示产生连接错误

（B）数据控件连接的当前记录集是基本情况表，但绑定控件不显示基本情况表的
记录

（C）数据控件连接的当前记录集是学生成绩表，绑定控件显示学生成绩表的记录

（D）数据控件连接的当前记录集是基本情况表，绑定控件显示基本情况表的记录

7. 在使用 Delete 方法删除当前记录后，记录指针位于_____。

（A）被删除记录上   （B）被删除记录的上一条

（C）被删除记录的下一条   （D）记录集的第一条

8. 在新增记录调用 Update 方法写入记录后，记录指针位于_____。

（A）记录集的最后一条   （B）记录集的第一条

（C）新增记录记上   （D）添加新记录前的位置上

9. 在 AddNew 方法后调用 CancelUpdate 方法放弃写入，记录指针位于_____。

（A）记录集的最后一条   （B）记录集的第一条

（C）新增记录集上   （D）添加新记录前的位置上

10. 用 Adodc 数据控件建立与数据源的连接，设置操作过程按_____顺序进行。

①选择数据源连接方式；②选择数据库类型；③指定数据库文件名；④指定记录源

（A）①②③④   （B）②③④①

（C）③①②④   （D）①③②④

11. 要在 Adodc1 上显示当前记录的序号和记录总数，在 Adodc1_MoveComplete 事件中加入代码_____。

（A）Adodc1. Caption = Adodc1. Recordset. AbsolutePosition & "/" & Adodc1. Recordset. RecordCount

（B）Adodc1. Caption = Adodc1. AbsolutePosition & "/" & Adodc1. RecordCount

（C）Adodc1. Caption = Adodc1. Recordset. AbsolutePosition

（D）Adodc1. Caption = Adodc1. Recordset. RecordCount

12. 已知当前记录在记录集的第 5 条，字段学号的类型为数值型，现要查找学号为 19016101 的学生记录，正确的语句是_____。

（A）Adodc1. Recordset. Find "学号 = '19016101' "

（B）Adodc1. Recordset. Find "学号 = '19016101' ", , 1

（C）Adodc1. Recordset. Find "学号 = 19016101", , 1

（D）Adodc1. Recordset. Find "学号 = 19016101", adSearchBackward, 1

13. 使用 Adodc1 数据控件从基本情况表中获取计算机专业的学生数据构成记录集，正确的语句是_____。

（A）Adodc1. RecordSource = "Select * From 基本情况 Where 专业 = 计算机"

（B）Adodc1. RecordSource = " Select * From 基本情况 Where   '计算机'"

（C）Adodc1. RecordSource = " Select * From 基本情况 Where 专业('计算机')"

（D）Adodc1. RecordSource = " Select * From 基本情况 Where 专业 = '计算机'"

14. 以下关于 DataGrid 控件的叙述中，_____是不正确的。

（A）设置 DataGrid 的 DataSource 属性为有效的 ADO 控件后，网格会被自动填充

（B）DataGrid 控件网格的列标题显示记录集内对应的字段名

（C）网格可显示文本内容和图形

（D）在数据绑定后 DataGrid 控件具有编辑操作功能

15. 要将 Text1 绑定到 Adodc1 产生的记录集对象的姓名字段，正确的设置是_____。

（A）DataSource＝姓名，DataField＝Adodc1

（B）DataSource＝Adodc1，DataField＝姓名

（C）DataMember＝Adodc1，DataField＝姓名

（D）DataMember＝姓名，DataField＝Adodc1

二、填空题

1. 在关系数据库中，行被称为____(1)____，列被称为____(2)____。

2. 复杂数据绑定允许在一个控件上绑定记录集的____(3)____个数据元素，同时显示记录集中的____(4)____数据。

3. 要使绑定控件 Label1 能通过 Adodc1 连接到记录集上，必须设置控件的____(5)____属性为____(6)____，要使控件能与有效的字段建立联系，则需设置控件的____(7)____属性。

4. 用 SQL 语句设置 ADO 控件的 RecordSource 属性，则 CommandType 属性需要设置成____(8)____。

5. 根据文本框 Text1 的输入值，从基本情况表中选择记录构成记录集，对应的字段为"姓名"，则设置 Adodc1 控件 RecordSource 属性的语句是____(9)____。

6. 当在运行状态改变 Adodc 数据控件的数据源连接属性后，必须使用____(10)____方法激活这些变化。

7. 使用记录集的____(11)____属性可得到记录总数。

8. 在 Do 循环中判断 Adodc1 建立的记录集是否处理结束，则需使用语句____(12)____。

9. 将 Adodc1 的记录集对象中姓名字段值赋予变量 name，使用语句____(13)____。

10. 若 Adodc1. Recordset. BOF＝Adodc1. Recordset. EOF，则记录集____(14)____。

11. 在 Recordset 对象中使用 Find 方法向前查找，如果条件不符合，则当前记录指针位于____(15)____。

12. 请在下列程序的空格处填入正确的代码，使之能将数据库 Mydb. accdb 中的表 Student 中的记录输出到文本文件 Student. txt。

```
filename = App. Path
If Right(filename, 1) <> " \" Then ____(16)____
mfile = filename + " Student. txt"
Open mfile For Output As #1
Print #1, "学生基本情况表"
Print #1, "姓名          学号          专业          性别"
Print #1,
Adodc1. RecordSet. MoveFirst
```

```
Do While Not Adodc1. Recordset. EOF
    Print #1, Adodc1. RecordSet. Fields("姓名"); "    ";
    Print #1, Adodc1. RecordSet. Fields("学号"); " ";
        _____(17)_____
    Print #1, Adodc1. RecordSet. Fields("性别")
        _____(18)_____
Loop
Close #1
```

9.6　测试题参考答案

一、选择题

1. D　　2-adCmdTable 为 CommandType 属性值。
2. D
3. C　　向后查找是从记录集尾部到开始方向，若找不到则到达首记录之前（BOF）。
4. A　　Select 语句至少要有 Select 和 From 部分。
5. B　　adCmdTable 或 2 指定表类型。
6. C　　RecordSource 改变后，必须用 Refresh 方法使之生效。
7. A　　Delete 方法删除当前记录后不改变记录指针位，显示屏也不刷新。
8. C
9. D
10. A
11. A　　记录集的 AbsolutePosition 属性返回当前记录号，RecordCount 是记录总数。
12. C　　需要从第 1 条开始向下查找，学号字段为数值型，对应的数据 19016101 不能用引号。
13. D　　专业字段为字符型，对应的数据计算机必须用引号。
14. C　　数据网格 DataGrid 只能绑定文本内容，MSHFlexGrid（Microsoft Hierarchical FlexGrid Control 6.0，对应 MSHFLXGD. OCX 文件）支持图形功能。
15. B

二、填空题

(1) 记录
(2) 字段
(3) 多
(4) 多行或多列
(5) DataSource
(6) Adodc1
(7) DataField
(8) 1（adCmdText）或 8（adCmdUnknown）
(9) Adodc1. RecordSource = "Select * From 基本情况 Where 姓名 like '" & Text1 & "'"
(10) Refresh

（11）　RecordCount

（12）　Do While Not Adodc1. Recordset. EOF

（13）　name ＝ Adodc1. Recordset. Fields（"姓名"）

（14）　为空记录集

（15）　EOF

（16）　filename ＝filename & "\"

（17）　Print #1，Adodc1. Recordset. Fields（"专业"）;

（18）　Adodc1. Recordset. MoveNext

第 10 章
图形应用程序开发

10.1　知识要点

1. 坐标系

构成一个坐标系需要三个要素：坐标原点、坐标度量单位、坐标轴的方向。在 VB 中，坐标度量单位由容器对象的 ScaleMode 属性决定（有 8 种形式）。默认的坐标原点 (0,0) 为对象的左上角，横向向右为 X 轴的正向，纵向向下为 Y 轴的正向。

设置坐标系常用 Scale 方法，其语法形式如下：

[对象.]Scale [(左上角坐标)-(右下角坐标)]

VB 根据给定的坐标参数计算出 ScaleLeft、ScaleTop、ScaleWidth 和 ScaleHeight 的值。当 Scale 方法不带参数时，则取消用户自定义的坐标系，而采用默认坐标系。

2. 绘图属性

VB 常用绘图属性如表 10.1 所示。

▶表 10.1　VB 常用绘图属性

属　　性	说　　明
AutoRedraw、ClipControls	显示处理
CurrentX、CurrentY	当前绘图位置
DrawMode、DrawStyle、DrawWidth	绘图模式、风格、线宽
FillStyle、FillColor	填充的图案、色彩
ForeColor、BackColor	前景、背景颜色

3. 图形方法

VB 常用的绘图方法如表 10.2 所示。

▶表 10.2　VB 常用的绘图方法

方　　法	说　　明	语　法　格　式
Cls	清除	对象.Cls
Line	画直线或矩形	Line [[Step] (x1,y1)]-(x2,y2)[,颜色][,B[F]]
Circle	画圆、圆弧和扇形	Circle [[Step] (x,y),半径[,颜色][,起始角][,终止角][,长短轴比率]]
Pset	用于画点	Pset [Step] (x,y) [,颜色]
PaintPicture	复制图像	dpic.PaintPicture spic,dx,dy,dw,dh,sx,sy,sw,sh,rop

10.2　实验 10 题解

1. 略。

2. 在窗体上绘制 N 边形金刚钻艺术图，如图 10.1 所示。若要绘制彩色的图形，如图 10.2 所示，则在程序中如何做微小的改动？

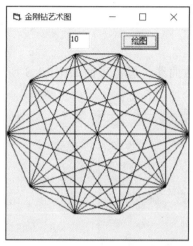

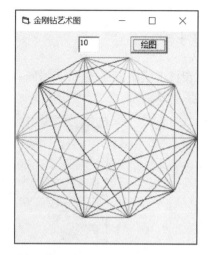

图 10.1　N 边形单色金刚钻艺术图　　　　图 10.2　N 边形彩色金刚钻艺术图

【实验目的】

掌握坐标系的定义方法；练习 Line 绘图语句的使用。

【分析】

（1）重新定义窗体的坐标系为（-4，4）-（4，-4），r 为窗体宽度一半的 0.9。

（2）定义动态数组 x（ ）、y（ ），根据圆的参数方程，圆周上等分 n 个点，设计以下两个循环结构：

- 计算每点坐标值 $x(i)$、$y(i)$；
- 每一点与其他 $n-1$ 点两两连线。

【程序】

```
Private Sub Command1_Click( )
    Dim x%( ), y%( ), x0%, y0%                    ' 声明有 n+1 个元素的数组
        Dim r!, alf!
        Form1. Cls
        n = Val( Text1)
        ReDim x( n), y( n)
        Form1. Scale (-4, 4)-(4, -4)
        r = Form1. ScaleHeight / 2 * 0. 9
        alf = 2 * 3. 14159 / n
        For i = 1 To n                            ' 计算 1~n 个坐标点位置
            x( i) = r * Cos( i * alf)
            y( i) = r * Sin( i * alf)
        Next
        For i = 1 To n - 1                        ' 两两连线
            For j = i + 1 To n
                'Form1. ForeColor = QBColor( j)
                Line ( x( i), y( i))-( x( j), y( j))
            Next
```

```
            Next
        End Sub
```

3. 略。

4. 在窗体上绘制方程式 $y = e^{-0.1x}\cos(x)$ 的函数曲线，运行界面如图 10.3 所示，x 为 0~50 弧度。

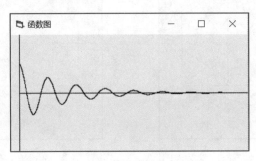

图 10.3　运行界面

【实验目的】

掌握坐标系的定义方法；练习 Line 或 Pset 绘图语句的使用。

【分析】

要程序运行就显示图形，代码在 Form1_Load 事件中必须设置 AutoRedraw 为 True；否则无法显示。

【程序】

```
        Private Sub Form_Click( )
            Dim x!, y!
            Dim r!, alf!
            Form1. Cls
            Form1. Scale (-2, 2)-(50, -2)
            Line (0, 0)-(50, 0)
            Line (0, 2)-(0, -2)
            For x = 0 To 50 Step 0.005                    ' 画刻度和写文字
                y = Exp(-0.1 * x) * Cos(x)
                Pset (x, y)
            Next
        End Sub
```

5. 略。

6. 参照主教材例 10.7，利用 Line 方法和 Pset 方法完成菜单中的画折线图和散点图，如图 10.4 所示。

【实验目的】

综合能力训练。

【分析】

(1) 读取数据文件和自定义坐标系见主教材例 10.7 的 zbx 子过程。

(2) 折线图直接用 Line 语句连接两点来绘制，点的 X 坐标按等长改变，Y 坐标取值

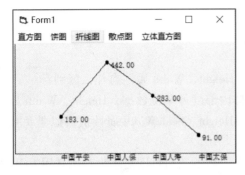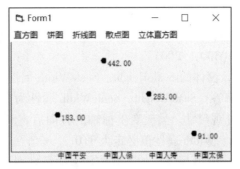

图 10.4 折线图和散点图

于绘图数据，在折线图中为了能标记出数据点，可通过 DrawWidth 属性改变线宽，再执行绘图语句。

【程序】

```
Private Sub menu3_Click( )
    ' 折线图
    zbx
    w = max / n                      ' 确定折线段的水平宽度
    CurrentX = w:CurrentY = b(1)     ' 定位折线起点
    For i = 1 To n
      x = w * i                      ' 定位折线点
      y = b(i)
      DrawWidth = 1                  ' 确定折线段的宽度
      Line -(x, y)                   ' 画折线段
      DrawWidth = 5                  ' 确定圆点的半径
      Pset (x, y)                    ' 画圆点,表示数据
    Next i
    For i = 1 To n
      x = w * i
      CurrentX = x + 10              ' 定位,用于显示数据
      CurrentY = b(i)
      Print Format(b(i), "0.00")     ' 显示数据
      CurrentX = x: CurrentY = -1    ' 指定股票名称显示位置
      Print a(i)                     ' 显示股票名称
    Next i
  End Sub
```

思考：理解了折线图，则绘制散点图就很容易了，自己完成散点图的代码。

7. 略。

8. 略。

10.3 习题解答

主教材第 10 章习题。

1. 怎样建立用户坐标系?

解答:使用 Scale 方法指定对象左上角和右下角的坐标值,例如 Form1. Scale(-300,200)-(300,-200)。

2. 窗体的 ScaleHeight、ScaleWidth 属性和 Height、Width 属性有什么区别?

解答:ScaleHeight、ScaleWidth 属性为窗体内部度量单位数据,Height、Width 属性为窗体外观尺寸。当改变坐标轴的方向后,ScaleHeight、ScaleWidth 属性值可以是负数,而Height、Width 属性值必定大于 0。

3. RGB 函数中的参数按什么颜色排列,其有效的数值范围是多少?怎样用 RGB 函数实现色彩的渐变?

解答:RGB 函数中的参数按红、绿、蓝顺序排列,RGB 函数三基色的取值在 0~255,当该值大于 255 时,RGB 函数将其当作 255 处理。为实现色彩的渐变,只要在循环内连续改变三基色的取值。下面给出一段程序样例,通过调整 RGB 函数的参数值,实现色彩由黑到红的渐变。

```
For j = 0 To 255
    Line (10,j)-(5000, j), RGB(j, 0, 0)
Next j
```

4. 怎样设置 Line 控件对象的线宽?

解答:在设计或运行时设置 Line 控件对象的 BorderWidth 属性。

5. 当用 Line 方法画线之后,CurrentX 与 CurrentY 在何处?

解答:当用 Line 方法画线之后,CurrentX 与 CurrentY 属性值被设置为直线的终点坐标。

6. 当用 Circle 方法画圆弧和扇形时,若起始角的绝对值大于终止角的绝对值,则圆弧角度在何范围?

解答:当用 Circle 方法画圆弧和扇形时,若起始角的绝对值大于终止角的绝对值,则所画圆弧或扇形的圆弧角度大于 180°。

7. 使用 Pset 绘制像素点的大小由何因素确定?

解答:使用 Pset 绘制像素点的大小由当前容器的 DrawWidth 属性值确定。

8. 怎样用 Point 方法比较两张图片?

解答:用 Point 方法按行和列的顺序扫描图片,Point 方法可返回窗体对象、PictureBox 控件和 Image 控件所指定点的 RGB 颜色值,如果所引用的点位于对象指定区域之外,用 Point 方法返回-1。

9. 怎样通过 PaintPicture 方法实现图像操作?

解答:用双重循环按行和列的顺序扫描图像,每次读出一个小区域。

10.4　常见错误和难点分析

1. Form_Load 事件内无法绘制图形

用绘图方法在窗体上绘制图形时,如果将绘制过程放在 Form_ Load 事件内,由于窗体装入内存有一个时间过程,在该时间段内同步执行了绘图命令,所绘制的图形无法在窗体上显示。有两种方法可解决此问题：方法一，将绘图程序代码放在其他事件内。通常在 Paint 事件中完成绘图，当对象在显示、位移、改变大小和使用 Refresh 方法时，都会发生 Paint 事件。方法二，将窗体的 AutoRedraw 属性设置为 True，窗体上任何以图形方式显示的图形对象都将在内存中建立一个备份，当窗体的 Form_Load 事件完成后，窗体将产生重画过程，从备份中调出图形。AutoRedraw 属性设置为 True 时，Paint 事件将不起作用。与方法一相比，方法二将使用更多的内存。

2. 使用图形方法绘制图形，达不到预想的结果

使用图形方法绘制图形，常发现绘制的图形与预想的不同，例如如下程序语句：

```
Private Sub Command1_Click( )
    Scale (-1000, 1000)-(1000, -1000)
    Line (-1000, 0)-(1000, 0)
    Line (0, 1000)-(0, -1000)
    Line (100, 100)-(500, 500), , B
    Circle (300, -300), 200
End Sub
```

按代码所描述的功能，应该在坐标系的第一象限内绘制出一个正方形，第四象限内绘制出一个圆形。程序执行后得到的却是矩形，圆形越出了第四象限的范围，如图 10.5 所示。

图 10.5 绘制图形与预想不同

造成图形失真的原因与坐标系有关。在 VB 对象的坐标系中，每个坐标轴都有自己的刻度测量单位。当用 [对象.]Scale (xLeft, yTop) - (xRight, yBotton) 定义了坐标系后，对象在 X 方向的坐标被 xRight-xLeft 等分，Y 方向的坐标被 yBotton-yTop 等分，并使 ScaleMode 属性为 0。

如果绘制的图形对象位置采用数对 (x, y) 的形式定位，则 x 与 y 的值按各自坐标轴上等分单位测量。虽然 Scale (-1000, 1000)-(1000, -1000) 将窗体坐标系定义为正方形区域，X 轴与 Y 轴的等分数相同，但每个单位的实际大小可能不同（与窗体实际长宽有关），在屏幕上显示时将根据显示器的大小及分辨率的变化而变化（除非采用像素单位）。为了能得到正确的结果，设计时应考虑图形载体有效区域的长宽比。

当用 Circle 方法绘图时，圆心 (x, y) 按各自坐标轴的单位定位，而所绘图形轨迹的 y 值按 X 轴的单位来推算。当窗体的宽度大于窗体高度时，绘图时用 X 轴上的单位在 Y 轴上定位，就造成了图 10.5 所示结果。上例正确的设计方法是在拖放窗体大小时，将有效区域的长宽比设置为 1（默认坐标系下 ScaleHeight 与 ScaleWidth 的比）。

3. 如何计算出已绘制的椭圆圆周上点的坐标

用 Circle 方法绘制椭圆时，涉及椭圆长短轴比，当比率为 1，画圆；如果长短轴比小

于 1，半径参数指定在 X 轴；如果长短轴比大于 1，半径参数指定在 Y 轴。无论哪一种情况，都使用 X 轴的度量单位。

由本节的问题可知，在绘制椭圆时，椭圆圆周上的 y 值按 X 轴的单位来推算。而跟踪绘制好椭圆轨迹，需要用 (x,y) 的形式定位，这时 y 值使用的是 Y 轴上的单位，这就需要进行单位换算。换算比与窗体或图形框的实际可与长宽比 b 及用户坐标系长宽比 $b1$ 有关，需要用 $b / b1$ 调整。

下面通过一个实例来说明。在绘制好的椭圆上用 Pset 语句标记出椭圆与坐标轴的交点，结果如图 10.6 所示。在 Command1_Click 事件中，用户坐标系长宽比为 1。在 Command2_Click 事件中，用随机值定义用户坐标系的 Y 参数。

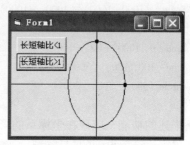

图 10.6　标记出椭圆圆周上的点

```
Private Sub Command1_Click( )
    Cls：Scale                                    ' 窗体默认坐标系
    b = Me.ScaleWidth / Me.ScaleHeight            ' 默认坐标系有效区域的长宽比
    Scale (-1000, 1000)-(1000, -1000)             ' 定义用户坐标系,长宽比为1
    Me.DrawWidth = 1                              ' 设置线宽为1个单位
    Line (-1000, 0)-(1000, 0)：Line (0, 1000)-(0, -1000)
    Circle (0, 0), 500, , , , 0.5                 ' 半径500指定在X轴
    Me.DrawWidth = 5
    Pset (500, 0)                                 ' 标记椭圆与X轴的交点
    Pset (0, 500 * 0.5 * b )                      ' 标记椭圆与Y轴的交点
    x = 500 * 0.707                               ' 圆心角为π/4处x点
    y = 500 * 0.5 * b * 0.707                     ' 圆心角为π/4处y点
    Pset (x, y)                                   ' 标记椭圆上圆心角为π/4处的点
End Sub
Private Sub Command2_Click( )
    Cls：Scale
    b = Me.ScaleWidth / Me.ScaleHeight
    yy = Rnd * (Me.ScaleHeight - 499) + 500       ' 用随机值定义用户坐标系的Y参数
    Scale (-1000, yy)-(1000, -yy)
    b1 = Abs(Me.ScaleWidth / Me.ScaleHeight)      ' 用户坐标系的长宽比
    Me.DrawWidth = 1
    Line (-1000, 0)-(1000, 0)：Line (0, yy)-(0, -yy)
    Circle (0, 0), 500, , , , 1.5                 ' 半径500指定在Y轴,X轴为500 / 1.5
```

```
        Me. DrawWidth = 5
        Pset (0, 500 * b / b1)                          ' 标记出椭圆与 Y 轴的交点
        Pset (500 / 1.5, 0)                             ' 标记出椭圆与 X 轴的交点
    End Sub
```

10.5　测试题

一、选择题

1. 坐标度量单位可通过_____来改变。

(A) DrawStyle 属性　　　　　　　　　(B) DrawWidth 属性

(C) Scale 方法　　　　　　　　　　　(D) ScaleMode 属性

2. 在以下的属性和方法中，_____可重定义坐标系。

(A) DrawStyle 属性　　　　　　　　　(B) DrawWidth 属性

(C) Scale 方法　　　　　　　　　　　(D) ScaleMode 属性

3. 当使用 Line 方法画直线后，当前坐标在_____。

(A)（0，0）　　　　　　　　　　　　(B) 直线起点

(C) 直线终点　　　　　　　　　　　　(D) 容器的中心

4. 指令"Circle (1000, 1000), 500, 8, -6, -3"将绘制_____。

(A) 画圆　　　　　　　　　　　　　　(B) 椭圆

(C) 圆弧　　　　　　　　　　　　　　(D) 扇形

5. 执行指令"Line (1200,1200)-Step(1000,500), B"后，CurrentX =_____。

(A) 2200　　　　　　　　　　　　　　(B) 1200

(C) 1000　　　　　　　　　　　　　　(D) 1700

6. Cls 可清除窗体或图形框中_____的内容。

(A) Picture 属性设置的背景图案　　　(B) 在设计时放置的控件

(C) 程序运行时产生的图形和文字　　　(D) 以上都对

7. 下列_____途径在程序运行时不能将图片添加到窗体、图片框或图像框的 Picture 属性。

(A) 使用 LoadPicture 方法　　　　　(B) 对象间图片的复制

(C) 通过剪贴板复制图片　　　　　　　(D) 使用拖放操作

8. 设计时添加到图片框或图像框的图片数据保存在_____。

(A) 窗体的 frm 文件　　　　　　　　(B) 窗体的 frx 文件

(C) 图片的原始文件内　　　　　　　　(D) 编译后创建的 exe 文件

9. 窗体和各种控件都具有图形属性，下列_____属性可用于显示处理。

(A) DrawStyle，DrawMode　　　　　(B) AutoRedraw，ClipControls

(C) FillStyle，FillColor　　　　　　(D) ForeColor，BorderColor

10. 当窗体的 AutoRedraw 属性采用默认值时，若在窗体装入时使用绘图方法绘制图形，则应将程序放在_____。

(A) Paint 事件　　　　　　　　　　　(B) Load 事件

（C）Initialize 事件   （D）Click 事件

11. 当使用 Line 方法时，参数 B 与 F 可组合使用，下列组合中＿＿＿＿＿不允许。

（A）BF   （B）F

（C）B   （D）不使用 B 与 F

12. 在下列使用的方法中，＿＿＿＿＿不能减少内存的开销。

（A）将窗体设置尽量小   （B）使用 Image 控件处理图形

（C）设置 AutoRedraw＝False   （D）不设置 DrawStyle

13. 命令按钮、单选按钮、复选框都有 Picture 属性，可以在控件上显示图片，但需要通过＿＿＿＿＿来控制。

（A）Appearance 属性   （B）Style 属性

（C）DisabledPicture 属性   （D）DownPicture 属性

14. 在下面对象中，不能作为容器的是＿＿＿＿＿。

（A）窗体   （B）Image 控件

（C）PictureBox 控件   （D）Frame 控件

15. 下述关于 PictureBox 和 Image 控件的描述，＿＿＿＿＿是正确的。

（A）PictureBox 和 Image 控件都能在程序运行时，使用 LoadPicture 函数动态改变其 Picture 属性来更换图片内容

（B）PictureBox 控件的 AutoSize 属性设置为 True 时，可以使装入的图片自动调整大小，以适应控件框大小

（C）Image 控件的 Stretch 属性设置为 True 时，可以使控件自动调整大小，以适应装入图片的大小

（D）PictureBox 比 Image 控件占用的资源少，因此，显示速度将更快

16. Line(100,100)－Step(400,400)将在窗体上的＿＿＿＿＿画一条直线。

（A）（200,200）到（400,400）   （B）（100,100）到（300,300）

（C）（100,100）到（500,500）   （D）（100,100）到（400,400）

17. 执行命令 Line(300,300)－(500,500)后，CurrentX＝＿＿＿＿＿。

（A）500   （B）300

（C）200   （D）800

18. Cls 可以清除窗体或图形框中的＿＿＿＿＿。

（A）Picture 属性设置的背景图案   （B）在设计时放置的控件

（C）程序运行时绘制的图形和文字   （D）三者都是

19. 下列语句中，＿＿＿＿＿可以把当前目录下的图形文件 pic1.jpg 装到入 Picture1 中。

（A）Picture = "pic1.jpg"

（B）Picture.Handle = "pic1.jpg"

（C）Picture1.Picture = LoadPicture("pic1.jpg")

（D）Picture = LoadPicture("pic1.jpg")

20. 封闭图形的填充方式由下列＿＿＿＿＿属性决定。

（A）DrawStyle，DrawMode   （B）AutoRedraw，ClipControls

（C）FillStyle，FillColor   （D）ForeColor，BorderColor

二、填空题

1. 改变容器对象的 ScaleMode 属性值，_____(1)_____ 改变容器的大小，但它在屏幕上的位置_____(2)_____改变。

2. 容器的实际可用高度和宽度由_____(3)_____和_____(4)_____属性确定。

3. 设 Picture1. ScaleLeft = -200，Picture1. ScaleTop = 250，Picture1. ScaleWidth = 500，Picture1. ScaleHeight = -400，则 Picture1 右下角坐标为_____(5)_____。

4. 窗体 Form1 的左上角坐标为（-200,250），窗体 Form1 的右下角坐标为（300,-150）。X 轴的正向向_____(6)_____，Y 轴的正向向_____(7)_____。

5. 当 Scale 方法不带参数时，则采用_____(8)_____坐标系。

6. QBColor(C)函数可以表示 16 种颜色，C 取值范围为_____(9)_____。

7. 使用 Line 方法画矩形，必须在指令中使用关键字_____(10)_____。

8. 使用 Circle 方法画扇形，起始角、终止角取值范围为_____(11)_____。

9. Circle 方法正向采用_____(12)_____时针方向。

10. DrawStyle 属性用于设置所画线的形状，此属性受到_____(13)_____属性的限制。

11. 请在下列程序的空格处填入正确的代码，使之实现定积分 $\int_{a}^{b} f(x)\,\mathrm{d}x$ 的计算。参考图 10.7 所示，当单击菜单项"绘图"时，根据积分上限的值 b，设置图形框的左上角坐标为（-0.5,b×b）、右下角坐标为（b+0.5,-0.5）。在图形框内画出 $f(x) = x^2$ 的积分面积区域。当单击菜单项"计算"时，用蒙特卡洛法计算积分值，并在标签内显示计算结果。所谓蒙特卡洛法就是在指定区域内产生随机点，统计分布在积分面积区域中随机点出现的概率，用此数乘指定区域面积，可得到积分近似值。

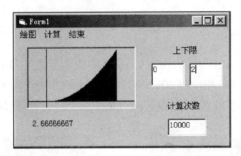

图 10.7 图形坐标系窗口

```
Private Sub m1_Click( )
    Dim a, b
    a = Val(Text1)：b = Val(Text2)                    '读取积分上下值
    Picture1. Scale (-0.5, b * b)-(b + 0.5, -0.5)
    Picture1. Cls
    Picture1. Line (-0.5, 0)-(b + 0.5, 0)             '画坐标 X 轴
    Picture1. Line (0,-0.5)-(0, b * b)
    For i = _____(14)_____ Step 0.01
        _____(15)_____                                 '画 f(x)值
    Next i
```

```
            End Sub
            Private Sub m2_Click( )
                Dim s As Double,a,b,h,w,n,i,x,y
                s = 0                                    ' 设置有效点数初值
                a = Val(Text1) : b = Val(Text2)
                h = b * b                                ' 指定产生随机点的区域
                w = b - a
                n = _____(16)_____                     ' 设置随机点总数
                For i = 1 To n
                    x = Rnd * w + a                      ' 在指定区域内产生随机点
                    y = _____(17)_____
                    If y < x * x Then_____(18)_____    ' 统计分布在积分面积区域的点数
                Next i
                s = w * h * s / n                        ' 计算积分近似值
                Label1. Caption = Format(s, "0. 00000000")
            End Sub
```

12. 若窗体 Form1 左上角坐标为(-250,300)，右下角坐标为(350,-200)，则 X 轴的正方向向_____(19)_____，Y 轴的正方向向_____(20)_____。

三、编程题

1. 定义窗体坐标系(-2,2)-(2,-2)，用 Line 方法绘制坐标轴；用 Pset 方法按如下分段函数：

$$y = \begin{cases} \dfrac{x}{2} - \cos(2x) & (x<0) \\ \sin(3x) + x^3 - 1 & (x \geqslant 0) \end{cases}$$

绘制宽度为 2 的曲线，$x<0$ 时曲线为绿色，$x \geqslant 0$ 曲线为蓝色。如图 10.8 所示。

2. 定义窗体坐标系(-5,40)-(20,-40)，用 Line 方法绘制坐标轴；按公式 y = (3 * Sin(x) + Cos(5 * x)) * 20 绘制面积区域 （0≤x≤20），如图 10.9 所示。

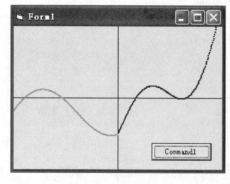

图 10.8 分段函数曲线

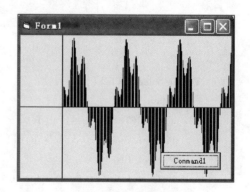

图 10.9 绘制面积区域

10.6 测试题参考答案

一、选择题

1. D   ScaleMode 属性可提供 8 种度量单位。

2. C

3. C

4. D   Circle 中起始角、终止角前的负号表示画圆心到圆弧的径向线。

5. A   Step(1000,500) 为相对步长，X 方向从出发点移动 1 000 单位。

6. C

7. D   在程序运行时向 Picture 属性添加图片只有 3 种方法。

8. B   窗体的 frx 文件用于保存二进制数据。

9. B

10. A   AutoRedraw 属性采用默认值为 False，Load 事件和 Initialize 事件都使绘图方法无效。

11. B   参数 F 不可单独使用。

12. D

13. B   当命令按钮、单选按钮、复选框的 Style 属性为 1（Graphical）时，可以在控件 Picture 属性上显示图片。

14. B

15. A

16. C

17. A

18. C

19. C

20. C

二、填空题

（1）不会

（2）不会

（3）ScaleHeight

（4）ScaleWidth

（5）（300,−150）

（6）右

（7）上

（8）默认

（9）0~15

（10）B

（11）−2π~0

（12）逆

（13）DrawWidth

（14）a To b

（15）Picture1. Line（i, 0）-（i, i * i）

（16）Val（Text3. Text）

（17）Rnd * h

（18）s = s + 1

（19）右

（20）上

三、编程题

1. Private Sub Command1_Click( )

```
        Dim x!, y!
        Scale (-2, 2)-(2, -2)
        Line (-2, 0)-(2, 0)
        Line (0, 2)-(0, -2)
        Form1. DrawWidth = 2
        For x = -2 To 2 Step 0. 01
            If x < 0 Then
                y = x / 2 - Cos(2 * x)
                c = vbGreen
            Else
                y = Sin(3 * x) + x * x * x - 1
                c = vbBlue
            End If
            Pset (x, y), c
        Next x
    End Sub
```

2. Private Sub Command1_Click( )

```
        Dim x!, y!
        Scale (-5, 40)-(20, -40)
        Line (-5, 0)-(20, 0)
        Line (0, 40)-(0, -40)
        For x = 0 To 20 Step 0. 1
            y = (3 * Sin(x) + Cos(5 * x)) * 20
            Line (x, 0)-(x, y)
        Next x
    End Sub
```

第 11 章
递归及其应用

11.1　知识要点

1. 递归概念

在一个过程体中调用自己，称为递归调用，这样的子过程或函数过程称为递归子过程或递归函数，简化称为递归过程。

2. 递归程序执行的过程

执行过程分为"递推"和"回归"两个过程。

（1）递推：每次递归调用，实质就是问题"分解"的过程，自顶向下，从大问题到小问题，从未知到已知，直到满足递归终止条件（即递归出口）。

（2）回归：就是"求值"的过程，自底向上，小问题返回给大问题答案，从已知到最终结果。

3. 构成递归过程的两个要素

（1）递归结束条件及结束时的值；

（2）能用递归形式表示，并且递归向终止条件发展。

4. 设计递归过程的三部曲

（1）问题分解：将大问题分解成同类子问题，并向终止方向发展。

（2）抽象出递归模式：根据问题分解和构成递归的两个要素，抽象出递归模式，这是设计递归的关键。例如，求斐波那契数列的递归模式如下：

$$fib(n)=\begin{cases}1 & n=1,2 \\ fib(n-1)+fib(n-2) & n>2\end{cases}$$

（3）自动化即算法实现：根据递归的两个特点构建出递归函数模板，也就是递归函数的一般形式：

```
Function 函数名(参数列表)
    If(控制参数=出口) Then
        函数名=直接结果
    Else
        函数名=递归调用
    End If
End Function
```

算法实现这个环节只要根据递归模式，套用递归函数模板，就可快速地编写出递归函数。对于递归子过程方法也是类似的。

11.2　实验 11 题解

1. 略。

2. 编写一个递归函数 IsH(s$)，判断 s 是否是回文词。程序运行时在 Text1 中输入内容，按 Enter 键后调用 IsH(s$)，结果在列表框中显示是否是回文词信息，运行效果如图 11.1 所示。

图 11.1 运行效果

【实验目的】

掌握递归处理字符串的思想和方法。

【分析】

按照递归的核心是将大问题分解为同质小问题的思想，取第一个字符和最后一个字符进行比较，若不等就结束非回文词。若相等，取去除首末字符后的子串用同样的方法继续比较和分解，直到子串长度小于等于 1 是最小问题。

抽象出的递归模式如下：

$$IsH(s)=\begin{cases} 返回\ True & Len(s)<=1 \\ \\ Mid(s,1,1) <> Mid(s,Len(s),1),返回\ False & Len(s)>1 \\ s1=去除首末字符后的子串,IsH(s1) & \end{cases}$$

【程序】

```
Function IsH(s$) As Boolean
    If Len(s) <= 1 Then
        IsH = True
    ElseIf Mid(s, 1, 1) <> Mid(s, Len(s), 1) Then
        IsH = False
    Else
        IsH = IsH(Mid(s, 2, Len(s) - 2))
    End If
End Function
Private Sub Text1_KeyPress(KeyAscii As Integer)
    If KeyAscii = 13 Then
        If IsH(Text1) = True Then
            List1. AddItem Text1 & "是回文词"
        Else
            List1. AddItem Text1 & "不是回文词"
        End If
    End If
End Sub
```

3. 略。

4. 编写一个加密递归函数 code(s,key)，将字符串 s 中英文字符按照密钥 key 进行加密，结果通过函数名返回。主调程序中要加密字符串通过文本框输入，密钥为 3，运行效果如图 11.2 所示。

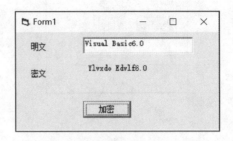

图 11.2 递归加密运行效果

【实验目的】
掌握递归处理字符串的思想和方法。
【分析】
取一个字符进行所需处理，剩余子串比原规模小了，用同样的方法继续分解，直到子串长度为 0 是最小问题。

抽象出的递归模式如下：

$$code(s,key)=\begin{cases} 结束 & s=空 \\ Mid(s,1,1)\ \&\ code(Mid(s,1,1)\ ,key) & Mid(s,1,1)非加密字符\ s<>空 \\ Mid(s,1,1)加密处理\ \&\ code(Mid(s,1,1),key) & Mid(s,1,1)加密字符 \end{cases}$$

【程序】

```
Private Sub Command1_Click( )
    Label3. Caption = code(Text1, 3)
End Sub
Function code(ByVal s$, ByVal key%) As String
        Dim c As String * 1, IAsc As Integer
        If s = "" Then
            code = ""
        Else
            c = Mid(s, 1, 1)
            If c >= "A" And c <= "Z" Then
                IAsc = Asc(c) + key
                If IAsc >= Asc("Z") Then
                    IAsc = IAsc - 26
                End If
                c = Chr(IAsc)
            ElseIf c >= "a" And c <= "z" Then
                IAsc = Asc(c) + key
                If IAsc >= Asc("z") Then
                    IAsc = IAsc - 26
```

```
                    End If
                c = Chr( IAsc )
            End If
        code = c & code( Mid( s, 2 ) , key )
      End If
  End Function
```

5. 略。

6. 略。

7. 与递归三角形方法相同, 绘制递归四边形图, 图 11.3 为 n 为 5 时的绘制效果。

提示: 模仿主教材的递归三角形, 不同之处是生成图元是四边形, 可以构成递归四边形图案。

【实验目的】

掌握递归绘制分形图的思想和方法。

【分析】

生成图元是四边形, 当 $n=1$ 时画四边形; 当 $n>1$ 时, 每边 3 等分留间隔, 递归 8 次调用, 如图 11.4 所示。

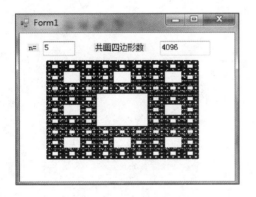

图 11.3 当 $n=5$ 时的图案

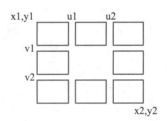

图 11.4 取四边形等分点

抽象出的递归模式如下:

$$S4(矩形块,n) = \begin{cases} 画矩形块 & n=1 \\ 计算新定位点(u1,u2,v1,v2) & n>1 \\ S4(新矩形块 1,n-1) \\ S4(新矩形块 2,n-1) \\ \cdots \\ S4(新矩形块 8,n-1) \end{cases}$$

(1) 已知四边形对角点位置 (x1,y1) 和 (x2,y2), 计算 4 个新定位点位置, 公式为

u1 = x1 ∗ 2 / 3 + x2 / 3

v1 = y1 ∗ 2 / 3 + y2 / 3

u2 = x1 / 3 + x2 ∗ 2 / 3

v2 = y1 / 3 + y2 ∗ 2 / 3

(2) 四边形间距为

d1 = (x2- x1) / 10

（3）画四边形语句为

Line(x1+d1,y1+d1)-(x2-x1-2*d1,y2-y1-2*d1)

【程序】

```
Public Sub Sier4(ByVal x1!, ByVal y1!, ByVal x2!, ByVal y2!, ByVal n%)
    Dim d1!, u1!, v1!, u2!, v2!, n1%
    If n = 1 Then
        Picture1. Line (x1, y1)-(x2, y2),, B
        MyCount = MyCount + 1
        Text2. Text = MyCount
    Else
        u1 = x1 * 2 / 3 + x2 / 3
        v1 = y1 * 2 / 3 + y2 / 3
        u2 = x1 / 3 + x2 * 2 / 3
        v2 = y1 / 3 + y2 * 2 / 3
        n1 = n - 1
        Sier4 x1, y1, u1, v1, n1
        Sier4 u1, y1, u2, v1, n1
        Sier4 u2, y1, x2, v1, n1
        Sier4 x1, v1, u1, v2, n1
        Sier4 u2, v1, x2, v2, n1
        Sier4 x1, v2, u1, y2, n1
        Sier4 u1, v2, u2, y2, n1
        Sier4 u2, v2, x2, y2, n1
    End If
End Sub
```

8. 略。

11.3　习题解答

主教材第 11 章习题。

1. 举例说明日常生活中看到的递归现象。

解答：例如兔子繁殖规律，即斐波那契数列。

2. 递归解决问题的核心是什么？

解答：核心是大问题分解成相同的小问题。

3. 递归与迭代的区别是什么？任何迭代都可以用递归来实现吗？

解答：迭代方法从底层开始利用循环不断迭代，最终得到结果，效率高。递归方法从顶层开始，由递推自顶向下逐步分解问题，直到问题很小时有一个解决方法为止；然后自下向顶回归，小问题返回给大问题答案，得到最终结果。从问题抽象、概括的角度符合人的思维方式，程序清晰。

迭代可以用递归来实现，要符合以下两个特点：

（1）具备递归结束条件及结束时的值。

（2）具备递归形式表示，并且递归向结束条件的方向发展。

4. 设计递归程序的三部曲是什么？关键是什么？

解答：三部曲即问题分解、抽象出递归模式、算法实现。关键是抽象出递归模式。

5. 根据对递归的掌握，请列举出日常用递归方法解决问题的例子。

解答：例如，用递归解决数组排序比用传统数组排序算法容易理解，汉诺塔、分形图的实现不用递归是难以实现的，等等。

11.4 常见错误和难点分析

1. 已知递归模式，书写递归函数的问题

例如，斐波那契数列的递归模式为

$$fib(n)=\begin{cases}1 & n=1,2\\ fib(n-1)+fib(n-2) & n\geqslant 3\end{cases}$$

相应的递归函数如下：

```
Function fib( n As Integer)  As Integer
    If n = 1 Or n = 2 Then
        fib = 1
    Else
        fib(n) = fib(n - 1) + fib(n - 2)
    End If
End Function
```

系统就在"fib(n)"下面以波浪线显示，表示语法错误。原因是"="左边只能是变量名，不能是表达式。正确的书写是对函数名赋值，即

```
fib = fib(n - 1) + fib(n - 2)
```

2. 递归调用出现"无限递归"

求阶乘的递归函数过程如下：

```
Public Function fac( n As Integer)  As Integer
    If n = 1 Then
        fac = 1
    Else
        fac = n * fac(n-1)
    End If
End Function
Private Sub Button1_Click( )            ' 调用递归函数,显示出 fac(5)= 120
    MsgBox( "fac(5)=" &  fac(5))
End Sub
```

当主调程序调用时，n 的值为 5，显示结果为 120；当 n 的值为 -5 时，显示"无限递归"的出错信息。

实际上每递归调用一次，系统将当前状态信息（形参、局部变量、调用结束时的返

回地址）压栈，直到满足递归结束条件。上例当 n=5 时，每递归调用一次，参数 n-1，直到 n=1 递归调用结束，然后不断从栈中弹出当前参数，直到栈空。而当 n=-5 时，参数 n-1 为-6，压栈，再递归调用，n-1 永远到不了 n=1 的终止条件，直到栈满，产生栈溢出的出错信息。

所以设计递归过程时，一定要考虑过程中有终止条件和终止时的值或某种操作，而且每递归调用一次，其中的参数要向终止方向收敛；否则就会产生栈溢出。

11.5　测试题

一、选择题

1. 以下对递归的叙述中，错误的是_____。
（A）用递归方法求解问题，可以使得程序更精练
（B）用递归方法解决问题，效率更高、占用内存更少
（C）用递归方法解决问题，核心思想是将大问题分解成同质小问题
（D）所谓递归是指在过程（函数或子过程）中调用自身

2. 递归的基本思想是_____。
（A）选择，选择容易的方法解决问题
（B）判断，直接判断出问题的结果
（C）分解，将大问题分解为本质相同的小问题
（D）调用，调用函数或子过程解决问题

3. 一个递归算法必须包括_____。
（A）递归部分
（B）循环部分
（C）终止条件和循环部分
（D）终止条件和递归部分

4. 关于递归算法优点的描述中，正确的是_____。
（A）执行速度快
（B）消耗内存少
（C）符合人的思维方式，程序简洁
（D）适合于计算机方式

5. 对于下列递归函数，fa(4)的结果是_____。

```
Function fa%(ByVal n%)
    If n = 1 Then
        fa = 1
    Else
        fa = n + fa(n - 1)
    End If
End Function
```

（A）10　　　　　　　　　　（B）4
（C）6　　　　　　　　　　　（D）8

6. 小华读书：第一天读了全书的一半加两页，第二天读了剩下的一半加两页，以后天天如此……第六天读完了最后的 3 页，问全书有多少页？如果采用递归思想解决，递归体是＿＿＿＿＿，递归结束条件是 f(6)＝3，假设函数 f(n)返回第 n 天之前未读的书页数。

（A）f＝(f(n+1)+1)＊2　(n<=5)

（B）f＝(f(n+1)+2)＊2　(n<=5)

（C）f＝f(n)/2 + 2　(n<=5)

（D）f＝f(n)/2 - 2　(n<=5)

7. 对于下面的递归函数 f，如果调用语句为 Label1.Text = f(4)，则递归函数 f 被调用的次数是＿＿＿＿＿。

```
Function f%(n%)
    If n=1 or n=2 Then
        f=1
    Else
        f=f(n-1)+f(n-2)
    End if
End sub
```

（A）2

（B）3

（C）4

（D）5

8. 对于下列递归函数，fa(4)的结果是＿＿＿＿＿。

```
Function fa%(ByVal n%)
    If n = 1 Then
        fa= 1
    Else
        fa= fa(n - 1) + n * n
    End If
End Function
```

（A）10

（B）20

（C）26

（D）30

二、填空题

1. 递归函数 mySubstitue(s,c1,s2)的功能是在字符串 s 里，查找所有 c1 的字符，并将 c1 替换成 s2，函数名返回替换后的结果字符串。

程序运行时在 Text1 中输入任意内容，在 Text2 和 Text3 中输入要查找和替换的内容，"替换"按钮调用递归函数，在 Text4 中显示替换后的结果，如图 11.5 所示。若查找或替换的输入内容为空，则显示提示信息。

```
Private Sub Command1_Click()
    If Len(Text2.Text)<>1 ___(1)___ Text3.Text = "" Then
```

```
                    Text4. Text = "要查找或替换的内容不规范"
              Else
                    Text4. Text = myReplace(Text1. Text, Text2. Text, Text3. Text)
              End If
        End Sub
        Function myReplace(ByVal s$, ByVal c1$, ByVal s2$) As _____(2)_____
              If _____(3)_____ Then
                    myReplace = ""
              Else
                    If Mid(s, 1, 1) = c1 Then
                        myReplace = _____(4)_____ & myReplace(Mid(s, 2), c1, s2)
                    Else
                        myReplace = _____(5)_____ & myReplace(Mid(s, 2), c1, s2)
                    End If
              End If
        End Function
```

图 11.5　运行界面

　　2. 递归子过程 maxp(b%( ), ByVal n%, ByRef m%)的功能是在有 n+1 个元素的数组 b 中求最大值 m。主调程序运行结果如图 11.6 所示。

图 11.6　运行结果

```
Private Sub Command1_Click( )
      Dim a%(10)
      Dim i%, Max%
      For i = 0 To_____(6)_____
          a(i) = Int(Rnd * 100 + 10)
          Print a(i) & " ";
```

```
            Next
            Call maxp(_____(7)_____)
            Print
            Print "最大值=" & Max
        End Sub
        Sub maxp(b%( ), ByVal n%, ByRef m%)
            If_____(8)_____ Then
                If m < b(n) Then_____(9)_____
                Call maxp(_____(10)_____)
            End If
        End Sub
```

11.6 测试题参考答案

一、选择题

1. B　递归方法执行时有"递推"和"回归"两个要素,是通过栈来实现的,每递推一次就压栈,回归就退栈。所以效率不高,占用空间。
2. C　递归的本质是将大问题分解成规模较小的同类子问题。
3. D　递归有两个特点:① 具备递归终止条件;② 具备递归形式。
4. C　递归与迭代相比,突出的优点是符合人的思维方式。
5. A
6. B
7. D
8. D

二、填空题

(1) or

(2) string

(3) s = ""或者 len(s)=0

(4) s2

(5) Mid(s,1,1)

(6) UBound(a)或10

(7) a,UBound(a),Max 或 a,10,Max

(8) n>=0

(9) m=b(n)

(10) b,n-1,m

附录
VB 程序设计试卷样例

一、单选题

1. 假定有一个菜单项，名为 MenuItem1，为了在运行时使该菜单项失效（变灰），应使用的语句为_____。

A. MenuItem1. Visible = True   B. MenuItem1. Visible =   False

C. MenuItem1. Enabled = True   D. MenuItem1. Enabled = False

2. ComboBox 组合框的类型由_____属性确定。

A. Style   B. DroppedDown

C. DragMode   D. DrawMode

3. 定义结构类型并声明变量如下：

```
Type Person
    Dim Name As String
    Dim Age As Integer
End Type
Dim p As Person
```

下列语句正确的是_____。

A. p=("王小明",18)   B. Age =18

C. Person. Age =18   D. p. Age =18

4. 若用 Dim s(15) As Single 语句声明了数组 s，以下语句中错误的是_____。

A. s(15)= 15/2   B. s(1)= LBound(s)

C. s(15)= s(16)+3. 14   D. s(0)= s(0) + s(1)

5. 当文本框的 ScrollBars 属性设置了非 None 值，还必须设置_____，才有滚动效果。

A. 文本框的 Enable 属性为 False   B. 文本框的 MultiLine 属性为 True

C. 文本框的 MultiLine 属性为 False   D. 文本框的 Locked 属性为 True

6. 在 VB 程序设计中，响应对象的外部动作称为_____，表示对象的外部特征称为_____。

A. 属性，事件   B. 事件，属性

C. 属性，方法   D. 方法，事件

7. 下面合法的变量名是_____。

A. x+y   B. Long

C. p_5   D. p. 5

8. 执行如下代码后，标签上显示的是_____。

```
Private Sub Command1_Click ( )
    Dim x As Integer
    x = 2
    Select Case x
        Case 1, 3
            Label1. Caption = "分支 1"
        Case Is > 4
            Label1. Caption = "分支 2"
```

```
            Case Else
                Label1. Caption = "其他"
        End Select
    End Sub
```

A. 分支 1　　　　　　　　　　　　　B. 分支 2

C. 其他　　　　　　　　　　　　　　D. 程序报错

9. 执行循环语句：

```
    Do While True
        ...
    Loop
```

则结果为_____。

A. 死循环　　　　　　　　　　　　　B. 循环体执行一次

C. 语法错误　　　　　　　　　　　　D. 循环体一次也不执行

10. 单击按钮执行如下程序，所弹出的信息框内容为_____。

```
    Private Sub Command1_Click( )
        Dim s $
        s = "传值与传地址"
        Call Changestr( s )
        MsgBox ( s )
    End Sub
    Sub Changestr( ByRef str $ )
        str = Mid( str, 4, 3)
    End Sub
```

A. 传地址　　　　　　　　　　　　　B. 与传地

C. 传值与　　　　　　　　　　　　　D. 值与传

11. 在 VB 中，要将文本框 Text1 的字体设置为宋体，可采用的语句是_____。

A. Text1. Font = "宋体"

B. Text1. FontName = "宋体"

C. Text1. Font = New Font("宋体")

D. Text1. Font = New Font("宋体" , Text1. Font. Size)

12. 在用语句 Open "Stu. dat" For Output As #1 打开文件后，对文件 Stu. dat 中的数据能够执行的操作是_____。

A. 不能读，也不能写　　　　　　　　B. 能读，也能写

C. 能读，不能写　　　　　　　　　　D. 不能读，能写

13. 在用文件对话框控件时，若在文件列表框只允许显示 txt 类型的文本文件，则 Filter 属性的正确设置是_____。

A. txt || * . txt　　　　　　　　　　B. txt (* . txt)

C. 文本文件 | (. txt)　　　　　　　　D. txt | * . txt

14. 如果有 5 个单选按钮，其中两个在一个框架中，另外 3 个在窗体上，则运行时，可以最多选中_____个单选按钮。

A. 3　　　　　　　　　　　　　　　　　　　B. 2

C. 5　　　　　　　　　　　　　　　　　　　D. 1

15. 关于 VB 的常量定义 Const PI = 3.14159，以下说法正确的是_____。

A. PI 与一般变量相同，可重新赋值，但只能存放常数

B. PI 与一般变量不同，只能引用，不能重新赋值

C. PI 可以重新定义，但数据类型必须和第一次定义一致

D. PI 可以重新定义，数据类型可以和第一次定义不同

二、程序填空题

1. 文本文件"D:\data.txt"存放着 10 个两位数，每行存放一个数。程序打开该文件，逐个读入数据，存放在数组 a 中并显示在标签 Label1 中。然后将每个数的个位数与十位数交换并显示在标签 Label2 上，请完成填空。程序运行结果如附图 1 所示。

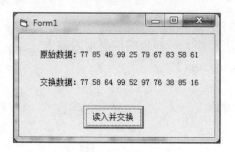

附图 1　运行结果

```
Private Sub Command1_Click( )
    Dim a(10) As Integer, i%, n%, k%, t%
    Open "D:\data.txt" For _____(1)_____ As #1
    n = 0
    Label1.Caption = "原始数据:"
    Label2.Caption = "交换数据:"
    Do While Not EOF(1)                '从文件中读入数据
        n = n + 1
        Input #1, _____(2)_____
        Label1.Caption = Label1.Caption & a(n) & " "
    Loop
    Close #1
    For i = 1 To n                     '个位数与十位数交换
        k = a(i) Mod 10
        t = _____(3)_____
        a(i) = k * 10 + t
    Next i
    For i = 1 To n
        Label2.Caption = Label2.Caption & a(i) & " "
    Next i
End Sub
```

2. 对一个有序数列，压缩掉重复数，并统计重复数出现的次数。算法思想是，先将该有序数列存放在数组 a 中，并输出原始数组数据。然后，扫描该有序序列数组，判别相邻两数是否相同。如果相邻两数相同，通过左移压缩掉重复数，并统计重复次数。程序运行结果如附图 2 所示。

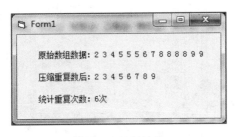

附图 2　运行结果

```
Private Sub Form_Click( )
    Dim a%( ), i%, j%, n%
    a = Array(2, 3, 4, 5, 5, 5, 6, 7, 8, 8, 8, 8, 9, 9)
    n = UBound(a)
    m = 0                          ' 重复数计数
    Label1. Caption = "原始数组数据:"
    For i = 0 To n
        Label1. Caption = Label1. Caption & a(i) & " "
    Next i
    i = 0
    Do While (i <    (1)    )                  ' 找相邻的重复数
        If a(i) = a(    (2)    ) Then
            m = m + 1
            For j = i To n - 1        ' 当有重复数时左移,实现压缩
                a(j) = a(    (3)    )
            Next j
            n = n - 1
        Else
            i = i + 1
        End If
    Loop
    Label2. Caption = "压缩重复数后:"
    For i = 0 To n
        Label2. Caption = Label2. Caption & a(i) & " "
    Next i
    Label3. Caption = "统计重复次数:" & ___(4)___ & "次"
End Sub
```

3. 现求 10 000 ~ 20 000 的回文数。

回文数：一个数正读和倒读都是一样的数。例如 12321 和 10601 都是回文数。

函数 IsShu 的功能是判断是否为回文数。其返回值如果是回文数，则返回 True；否则

返回 False。列表框 1 显示回文数，标签 1 显示找出的回文数个数，运行结果如附图 3 所示。

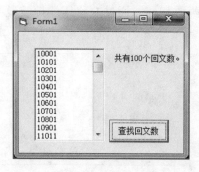

附图 3　运行结果

```
Function IsShu(ByVal n%) As Boolean
    Dim flag As Boolean, s As String, ln As Integer, j As Integer
    flag = True
    s = Trim(Str(n))
    ln =      (1)
    For j = 1 To ln \ 2    ' 判断回文数
        If Mid(s, j, 1) <> Mid(s,      (2)     , 1) Then
            flag = False
            Exit For
        End If
    Next j
    IsShu = flag
End Function
Private Sub Command1_Click()
    Dim m As Integer, i As Integer
    m = 0
    For i = 10000 To 20000
        If      (3)      = True Then
            m = m + 1
            List1. AddItem      (4)
        End If
    Next i
    Label1. Caption = "共有" &      (5)      & "个回文数。"
End Sub
```

三、程序调试题

启动工程文件"C:\KS\改错 A. VBP"，请调试改正，并按原文件名和位置保存。正确结果如附图 4 所示，可运行"C:\样张\改错样例 A. EXE"。

改错方法：不能修改或重新定义变量，不允许增加或删除语句，但可以修改语句，所修改的语句必须在该句尾加上注释标记：'＊＊＊＊＊＊＊＊＊＊＊。

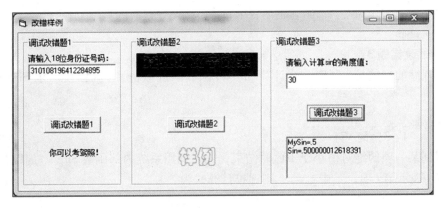

附图 4 正确结果

1. 调试改错题 1

下列程序的功能是：文本框中已有一个 18 位身份证号码，选择"调试改错题 1"按钮后，根据身份证号码计算出实际年龄，若年满 18 周岁并且不超过 70 周岁，则在下面的标签中显示"你可以考驾照！"；否则标签不显示。程序中有 3 个错误，请调试改正。

```
Private Sub Command1_Click( )
    Dim id$, birthday_year%, age%
    id = Text1. Text
    birthday_year = Val( Mid( id, 1, 4) )
    age = Year( Now) - birthday_yearr
    If age >= 18 Or age <= 70 Then
        Label1. Visible = True
        Label1. Text = "你可以考驾照!"
    Else
        Label1. Visible = False
    End If
End Sub
```

2. 调试改错题 2

下列程序的功能是：利用定时器控件实现霓虹灯文字效果。具体要求是选择"调试改错题 2"按钮，文字的颜色随机改变，文字的大小在 14~18 随机改变。程序中有 3 个错误，请调试改正。

```
Private Sub Command2_Click( )
    Timer1. Enabled = False
End Sub

Private Sub Timer1_Timer( )
    Dim r%, g%, b%
    r = Int( Rnd * 256)
    g = Int( Rnd * 256)
    b = Int( Rnd * 256)
    Label2. Color = RGB( r, g, b)
```

```
    Label2. FontSize = Int( Rnd * 18 + 14)
End Sub
```

3. 调试改错题 3

以下程序的功能是：利用公式计算 $\mathrm{Sin}(x)$ 函数的近似值，x 为弧度。求 $\mathrm{Sin}(x)$ 的公式为

$$\mathrm{Sin}(x) = \frac{x}{1} - \frac{x^3}{3!} + \frac{x^5}{5!} - \frac{x^7}{7!} + \cdots$$

程序计算到某一项的绝对值小于 10^{-5} 时结束，同时调用系统内部函数 $\mathrm{Sin}(x)$ 加以验证。

说明：若 t_i 表示第 i 项，其中 $t_1 = x$，则递推计算式为

$$t_{i+2} = (-1) * t_i * x * x / ((i+1) * (i+2)) \qquad i = 1,3,5,7\cdots$$

程序中有 4 个错误，请调试改正。

```
Private Sub Command3_Click( )
    Dim MySin!, t!, x!, s%, i%
    i = 1
    x = Val( Text2. Text)
    t = x                        '某项
    MySin = x
    s = -1                       '正负号交替变化
    Do While ( Abs( t) < 0. 00001)
        t = t * x * x / (i + 1) * (i + 2)
        MySin = MySin + s * t
        i = i - 2
        s = -s
    Loop
    Label4. Caption = "MySin = " & MySin & vbCrLf   '
    Label4. Caption = Label4. Caption & "Sin = " + Sin( x)
End Sub
```

四、编程题

根据下列要求编写程序，程序界面如附图 5~附图 7 所示。

附图 5 计算和保存

附图 6 保存文件格式

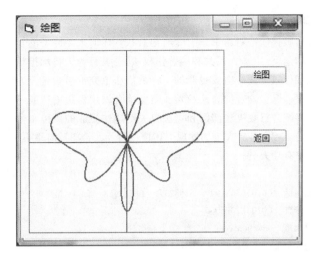

附图 7 图案

1. Form1 窗体

（1）在 Form1 窗体上放置组合框 1、组合框 2、标签 1、标签 2、文本框（多行）和按钮，并建立菜单。对组合框 1 设置属性值为"0001""0002"和"0003"，对组合框 2 设置属性值为学号对应的姓名"张三""李四"和"王五"。

（2）在 Form1 窗体上用组合框 1 选择学号，组合框 2 中联动显示其姓名。单击"签到"按钮，可将本次签到信息添加到文本框中（格式见附图 5），并按附图 6 中所示的文件格式将学号、姓名、签到的日期时间以追加方式写入文本文件 C:\KS\data.txt 中。

（3）在"应用"主菜单项下有"窗体 2"和"退出"两个菜单项。选择"窗体 2"菜单项，打开 Form2 窗体；选择"退出"菜单项，结束程序的运行。

2. Form2 窗体

（1）选择"绘图"按钮，在图片框绘制如附图 7 所示的红色图案，并按以下公式绘制蝶形图案：

$$x = \frac{1}{6} W_0 Q \mathrm{Cos}(t)$$

$$y = \frac{1}{4} H_0 Q \mathrm{Sin}(t)$$

其中 $Q = -3\mathrm{Cos}(2t) + \mathrm{Sin}(7t) - 1$，$W_0$ 的取值为图片框宽度的一半，H_0 的取值为图片框高度的一半，t 的取值范围为 $-\pi$ 至 π，步长为 0.01。

提示：根据图片框的高度和宽度，先重定义图片框的坐标系，图片框中心为原点 (0,0)。

（2）单击"返回"按钮，关闭 Form2。

3. 在 C:\KS 目录下将工程保存为 bctb.vbp，Form1 窗体保存为 bctb1.frm，Form2 窗体保存为 bctb2.frm

郑重声明

高等教育出版社依法对本书享有专有出版权。任何未经许可的复制、销售行为均违反《中华人民共和国著作权法》，其行为人将承担相应的民事责任和行政责任；构成犯罪的，将被依法追究刑事责任。为了维护市场秩序，保护读者的合法权益，避免读者误用盗版书造成不良后果，我社将配合行政执法部门和司法机关对违法犯罪的单位和个人进行严厉打击。社会各界人士如发现上述侵权行为，希望及时举报，本社将奖励举报有功人员。

反盗版举报电话 　(010)58581999　58582371　58582488

反盗版举报传真 　(010)82086060

反盗版举报邮箱 　dd@ hep. com. cn

通信地址 　北京市西城区德外大街 4 号
　　　　　　高等教育出版社法律事务与版权管理部

邮政编码 　100120